Volker Dierschke

GARTEN-VÖGEL

Entdecken, staunen, wissen!

MIT 121 ARTEN

KOSMOS

Schnell zur richtigen Art mit dem KOSMOS-FARBCODE

MIT DEM KOSMOS-FARBCODE findest du dich ganz leicht in diesem Naturführer zurecht. Zwar zeigt sich in der Vogelwelt eine Vielfalt von Farben, Formen und Größen, doch hilft dir der KOSMOS-FARBCODE bei der Bestimmung auf den richtigen Weg. Jede Farbe steht für eine Gruppe vom Typus her ähnlicher Vogelarten. Eine weitere Unterteilung der Gruppen zu Beginn jeder Farbe unterstützt dich erneut bei der richtigen Bestimmung, denn nun müssen in den Untergruppen nur noch wenige Arten verglichen werden. Die Beschriftungen in den Bildern weisen dich dabei auf die wichtigsten Merkmale hin. Achte auch auf die Beschreibung der Lautäußerungen, aber auch das im Text geschilderte Verhalten bei Nahrungssuche und Brut kann aufschlussreich sein.

SEITE 14 BIS 77

Singvögel

Die meisten Singvögel sind recht klein, also etwa so groß wie Meise oder Amsel. Die Beine sind meist kurz. Auch die Schnäbel sind kurz, variieren aber stark in der Form (dick bei Körnerfressern, schmal bei Insektenfressern).

→ Das Gefieder ist zwar oft schlicht grau oder braun, mitunter aber sehr bunt. Männchen sind meist auffälliger gefärbt als die Weibchen.

KURZINFO
Der Farbbalken hilft bei der Navigation durch das Buch.

⟶ Bei vielen Arten lassen die Männchen einen melodiösen Gesang erklingen. Der Gesang dient zum einen dem Anlocken der Weibchen, zum anderen der Abgrenzung des Brutreviers.
⟶ Eine Ausnahme unter den Sing vögeln bilden die Krähenvögel: Sie sind deutlich größer als ihre Verwandten, und ihre Lautäußerungen klingen für unser Ohr weniger angenehm.

SEITE 78 BIS 93

Spechte bis Tauben

kräftiger Meißelschnabel

Diese Arten leben oft sehr ähnlich wie Singvögel, sind aber etwas größer und nicht mit ihnen verwandt. In dieser Gruppe findest du die an Bäumen kletternden und trommelnden Spechte, aber auch die bei uns sehr häufigen, etwas plump wirkenden Tauben.
⟶ Hinzu kommen einige unverwechselbare »Individualisten« wie der bunte Eisvogel, der exotische Halsbandsittich, der gehäubte Wiedehopf und der stets fliegende Mauersegler.

plumper Körperbau

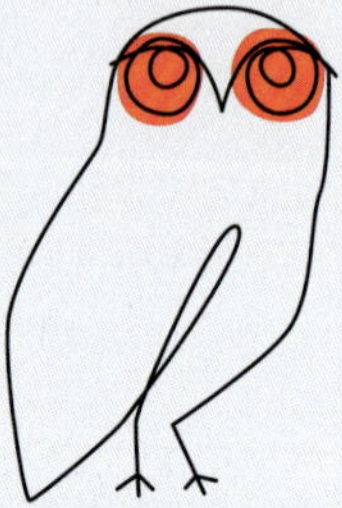

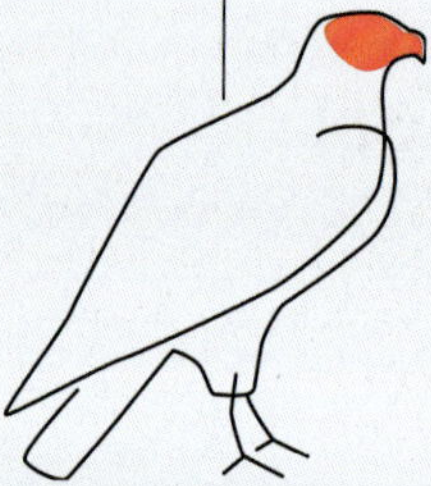

SEITE 94 BIS 107

Eulen und Greifvögel

Den nachts jagenden Eulen und tagsüber aktiven Greifvögeln ist ein kurzer, aber kräftiger Hakenschnabel zum Aufreißen ihrer Beutetiere gemeinsam. Ebenso haben sie kräftige Beine mit scharfen Krallen an den Zehen. Bei allen Arten überwiegen im Gefieder Braun- und Grautöne, die beim Sitzen im Baum eine gute Tarnung garantieren.

⟶ Die Eulen haben große Augen, ihre Beute orten sie nachts aber mit besonders großen und empfindlichen Ohren, die unter dem Gefieder des großen Kopfs verborgen sind.

⟶ Bei den Greifvögeln erlaubt der scharfe Blick, aus großer Höhe auf die Beutetiere herabzustoßen.

SEITE 108 BIS 115

Hühner- und Schreitvögel

Diese Vögel halten sich viel am Boden auf, um dort Nahrung zu suchen, oft auf freiem Feld. Davon abgesehen unterscheiden sie sich deutlich.

⟶ Die kurzbeinigen Hühnervögel

schleichen bei Gefahr heimlich in schützende Vegetation oder fliegen mit lautem Flügelschlag davon. Zum Aufpicken von Körnern haben sie kurze Schnäbel.

⟶ Die Schreitvögel haben von den einheimischen Vögeln die längsten Beine und sind auch sonst recht groß. Sie haben einen langen Hals und einen langen Schnabel. Zu finden sind sie überall in der offenen Landschaft, auch an Gewässern.

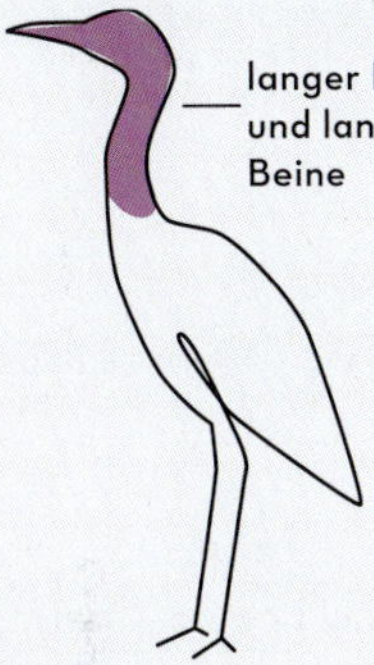

SEITE 116 BIS 129

Wasser- und Watvögel

Zusammengefasst sind hier überwiegend mittelgroße bis große Vögel, die sich häufig an Gewässern aufhalten.

⟶ Am Ufer, aber auch auf Feldern und Wiesen sind Watvögel zu beobachten, die sich grazil bewegen und je nach Spezialisierung sehr unterschiedlich lange Beine und Schnäbel haben. Zu den Watvögeln gehören auch die Möwen, die überwiegend weiß gefärbt sind und oft im Schwarm auftreten.

⟶ Wasservögel sind noch häufiger an und auf dem Wasser zu beobachten, gern schwimmen sie. Vor allem Schwäne und Gänse suchen aber oft an Land Nahrung. Die meisten Wasservögel haben Schwimmhäute zwischen den Zehen.

NATURNAHER GARTEN

Vielfalt ist attraktiv

Wann
Ganzjährig, v. a. im Frühjahr und Sommer

Wo
Im ganzen Garten

Ihr braucht
Freude an naturnaher Gestaltung

Ziel
Mehr Vogelarten im Garten

Blühwiese

Eine Wiese mit vielen Blumen ist für Gartenvögel attraktiver als ein kurz gemähter Rasen. Sie finden auf der Wiese eine Vielfalt von Insekten als Nahrung und auch die Samen der Pflanzen werden gern gefressen. Eine Blühwiese muss trotzdem ab und zu gemäht werden. Amseln und andere Bodenvögel haben dann Zugang zu den am Boden lebenden Wirbellosen.

Heimische Sträucher

Als Nistplatz und Nahrungsquelle sind einheimische Sträucher, die im Herbst ihr Laub abwerfen, perfekt für Vögel. Ihre Früchte (z. B. Holunder, Hagebutten, Kornelkirsche) liefern Nahrung, ihre Zweige und Dornen schützen Vögel vor Fressfeinden. Immergrüne Exoten wie Thuja oder Kirschlorbeer sind für die meisten Vogelarten dagegen ungeeignet.

↑ **Die Früchte** heimischer Sträucher sind für Vögel ein „gefundenes Fressen".

Bäume pflanzen und erhalten

Bäume bieten Vögeln Möglichkeiten zum Nestbau und Unterschlupf. Sie spenden Schatten und fördern ein angenehmes Mikroklima. Als Nahrung finden Vögel dort viele Insekten und Früchte. Alte Bäume sind wegen ihrer zahlreichen Nischen und Höhlungen ganz besonders wichtig. Geeignete Arten sind Eberesche, Holzapfel, Vogelkirsche und Linde. Abgefallenes Laub im Herbst unter Bäume und Sträucher harken und einfach dort liegen lassen.

Naturgarten – blühende Vielfalt mit reich gedecktem Tisch für hungrige Vögel. ↑

NISTHILFEN
Brutplätze schaffen

6

Wann
Ganzjährig, v. a. im Frühjahr

Wo
Bäume, Hauswände

Ihr braucht
Nistkästen (Eigenbau oder Fachhandel)

Ziel
Mehr Nistplätze für Vögel

Der Standard-Nistkasten

Er besteht aus Holz oder Holzbeton, einem runden Einflugloch und einer Klappe zum Öffnen. Der Durchmesser des Einfluglochs entscheidet, wer einziehen kann, z. B. Blaumeise (ca. 2,8 cm), Kohlmeise und Feldsperling (3,2–3,6 cm) oder Star (4,5–5 cm). Nistkästen könnt ihr an Hauswänden, besser aber an Baumstämmen aufhängen, am besten in 2–3 m Höhe. Das Einflugloch sollte nicht zur Wetterseite zeigen, da sonst leicht Feuchtigkeit eindringt. Im Herbst Klappe öffnen und den Kasten reinigen. Im Winter werden Nistkästen zum Übernachten genutzt.

Die Halbhöhle

Simpler als der klassische Nistkasten ist die Nisthilfe für Halbhöhlenbrüter wie Hausrotschwanz, Rotkehlchen oder Bachstelze. Etwa

← **Der Nistkasten-Klassiker** – ideal für alle Höhlenbrüter.

Rotkehlchen brüten in einfachen Halbhöhlen.

Bau-anleitungen für Nistkästen:

die Hälfte des Kastens ist vorn offen. Die Halbhöhle ersetzt Nischen und Winkel als Brutplätze, die es an neueren Gebäuden meist nicht mehr gibt.

Schwalbennester

Schwalben finden häufig weder geeignete Nistplätze noch Lehm als Baumaterial. Für Mehlschwalben schaffen halbkugelförmige Kunstnester unter Dachvorsprüngen Abhilfe. Kotbretter unter den Nestern verhindern Verschmutzungen. Kunstnester für Rauchschwalben können in Innenräumen wie Stall, Scheune oder Schuppen montiert werden.

Kunstnest für die gefährdete Mehlschwalbe

VOGELFUTTER
für hungrige Schnäbel

Wann
Ganzjährig, v. a. im Winter

Wo
Im Garten oder auf dem Balkon

Ihr braucht
verschiedene Futtersorten

Ziel
Vögeln bei der Futtersuche helfen

Welches Vogelfutter?

Gutes Vogelfutter besteht aus Körnern, vorzugsweise aus Sonnenblumenkernen (geschält und ungeschält), Hirse, Erdnussbruch, Hanf- und Mohnsaat. Ungeeignet sind dagegen Getreidekörner und Mais. Viele Arten fressen auch gerne Äpfel (im Ganzen auslegen), Beeren (im Herbst gesammelt und eingefroren) oder auch Mehlwürmer (am besten eingefroren).

Futterhaus

Das klassische Futterhaus besteht aus einer überdachten Platte, auf der das Futter ausgebracht werden kann. Am besten steht es zum Schutz vor Fressfeinden etwa 1,5 m hoch auf einem Fuß. Es ist wichtig, dass ihr das Futterhaus regelmäßig reinigt: Durch die vielen Vögel kann sich Kot mit dem Futter vermischen, wodurch Krankheiten übertragen werden.

↑ **Fett schmelzen,** Körner einrühren – fertig ist die Futtermischung.

Zutaten:
1 kg Rindertalg oder Kokosfett
1 kg Körnermix
3 EL Speiseöl

Futtersilo

Bei einem Silo zum Hängen rutscht das Futter von oben nach. Die Vögel kommen kaum mit dem Futter in Kontakt und picken so nur saubere Körner. Eine kleine Überdachung schützt vor Nässe und verhindert Schimmelbildung.

Meisenknödel

Meisenknödel – ohne Netz! – bestehen aus Körnerfutter und Fett und sind besonders bei Meisen beliebt. Man kann sie überall aufhängen, z. B. an dünnen Zweigen, an die weder Katzen noch Eichhörnchen herankommen.

Die Fettfuttermischung kann man in alte Tassen füllen oder einfach zu Knödeln formen. ↑

VOGELBAD –
trocken oder nass

Wann
Ganzjährig

Wo
Balkon, Terrasse oder Garten

Ihr braucht
Flache Schale
Wasser oder feiner Sand

Ziel
Wellness-Oase für Vögel

Gefiederpflege

Um ihr Federkleid sauber zu halten, verwenden Vögel viel Zeit auf die Gefiederpflege. Dazu gehört auch ein regelmäßiges Bad – sei es im Wasser oder im Sand. So beseitigen sie Verunreinigungen und wirken Parasiten entgegen. Eine flache Schale mit Sand oder Wasser kann man ganz einfach auf dem Balkon, der Terrasse oder im Garten aufstellen. Wählt eine erhöhte, übersichtliche Stelle, damit die Vögel beim Baden Feinde rechtzeitig entdecken können. Füllt die Schale 5–10 cm hoch mit Wasser oder mit feinem Sand. Wasser sollte man täglich wechseln, damit sich keine Krankheitserreger darin ausbreiten können. Sand regelmäßig nachfüllen und Verunreinigungen entfernen.

← **Ein Sandbad** für Vögel findet in jedem Garten und sogar auf dem Balkon einen Platz.

VÖGEL BEOBACHTEN
Wer lebt im Garten?

Buch führen und mitmachen

Ist der Garten vogelgerecht, dann gibt es viel zu sehen. Wie wäre es mit einer Inventur? Block und Stift neben das Fenster legen und dann die beobachteten Arten notieren – da kommt schnell einiges zusammen. Oder gleich in die Bürgerwissenschaft (Citizen Science) einsteigen. Mit **www.ornitho.de** gibt es ein Portal für Vogelbeobachtung, wo ihr eigene Sichtungen mit Datum und Ort eingeben könnt. Außerdem könnt ihr sehen, welche Arten andere Ornis wann und wo beobachtet haben. Zweimal im Jahr ruft der NABU außerdem zu den Mitmach-Aktionen „Stunde der Gartenvögel“ und zur „Stunde der Wintervögel“ auf.

Wann
Ganzjährig

Wo
Fenster oder Balkon

Ihr braucht
Block und Stift
Fernglas
Bestimmungsbuch

Ziel
Vogelforscher sein

Beobachten und notieren Findet heraus, welche Arten in eurem Garten leben. →

SINGVÖGEL schneller bestimmen

In dieser Gruppe findest du die in verschiedensten Farben und Formen vorkommenden Singvögel.

↓

Achte besonders auf Lebensweise und Schnabelform

↓

Nach diesen Kriterien sind sie in weitere Untergruppen eingeteilt.

AB SEITE 16

Meisen

Kleine, agile Vögel, runder Kopf, kurzer, aber kräftiger Schnabel. Häufig in Nistkästen und an Futterhäusern.

AB SEITE 22

Finken& Ähnliche

Kleine, kurzbeinige Singvögel mit dickem Schnabel (Körnerfresser!). Meist am Boden nach Nahrung suchend, aber Gesang oft hoch im Baum.

AB SEITE 36

Drosseln & Ähnliche

Mittelgroße Singvögel mit relativ langen Beinen und schlankem Schnabel. Nahrungssuche am Boden, Gesang meist von höherer Warte aus.

AB SEITE 44

Insektenfresser am Boden

Kleine Singvögel mit relativ langen Beinen und schlankem Schnabel. Meist zu Fuß am Boden unterwegs, gelegentlich aber von höherer Warte aus jagend.

AB SEITE 52

Insektenfresser in Busch und Baum

Kleine Singvögel mit relativ kurzen Beinen und schlankem Schnabel. Bewegen sich geschickt im Geäst von Gehölzen, gelegentlich kurze Flüge zum Schnappen nach Insekten.

AB SEITE 64

Andere

Unterschiedliche Singvögel wie Schwalben und Baumläufer, die sich deutlich von den anderen Untergruppen unterscheiden.

AB SEITE 70

Krähenvögel

Große Singvögel mit relativ langen Beinen und kräftigem Schnabel. Häufig am Boden auf Nahrungssuche, oft gesellig oder gar in Schwärmen.

Häufiger Gast an winterlichen Futterstellen

Blaumeise

Cyanistes caeruleus

Länge 10–12 cm
Stimme Typischer, von 2 höheren Tönen eingeleiteter Triller. Rufe ähnlich Kohlmeise, aber meist höher.
Nahrung Im Winter Körner, im Sommer Insekten.
Vorkommen In verschiedenartigen Gehölzen, Wäldern und Gärten, im Winter auch im Schilf. Jahresvogel in fast ganz Europa, im Norden auch Zugvogel mit in manchen Jahren invasionsartigen Einflügen nach Mittel- und Westeuropa.

→ TYPISCH Blaumeisen sind besonders auffällige Bewohner unserer Gärten. Sie brüten in Baumhöhlen, besonders gern auch in Nistkästen. Brutpaare können auch im Winter zusammenbleiben, selbst wenn sie truppweise und gemeinsam mit anderen Vogelarten umherstreifen. Sie besuchen dann oft Futterhäuschen und sind besonders geschickt beim Fressen an Meisenknödeln.

Beim ähnlichen Weibchen ist der Bauchstreifen schmal →

Kohlmeise

Parus major

Länge 13–15 cm
Stimme Ungemein stimmfreudig mit großem Repertoire an Rufen und Gesängen. Oft Rufe wie »pink« oder heiser »schä-schä-schä«.
Nahrung Im Winter Körner, im Sommer Insekten (oft Raupen).
Vorkommen In verschiedensten Lebensräumen mit Bäumen, besonders in Wäldern, Parks und Gärten. Jahresvogel, in Nord- und Osteuropa auch Zugvogel.

→ TYPISCH Kohlmeisen brüten in Baumhöhlen und Nistkästen. Zu kleine Einfluglöcher werden mit dem kleinen, aber kräftigen Schnabel passend gemacht. Pro Jahr finden bis zu 3 Bruten mit jeweils 8–9 Eiern statt. Im Winter treten Kohlmeisen oft in Trupps auf. An Futterstellen kann man gut beobachten, wie sie den Schnabel geschickt einsetzen, um Sonnenblumenkerne zu öffnen.

Tannenmeise

Periparus ater

Länge 10–12 cm
Stimme Gleichförmige Strophen aus 2 sich abwechselnden Tönen (»wize-wize-wize«), die weniger kräftig klingen als die der Kohlmeise. Ruft nasal und gedehnt »tsui«.
Nahrung Im Sommer Insekten, im Winter v. a. Nadelbaumsamen.
Vorkommen Jahresvogel in Wäldern, Parks; meist stark an Nadelbäume gebunden. Außerhalb der Brutzeit auch in Gärten.

→ TYPISCH Nutzt häufiger als andere Meisen Erdlöcher in Böschungen oder Höhlungen in Steinmauern zum Brüten, v. a. wenn Baumhöhlen knapp oder von anderen Vogelarten besetzt sind. Bei gutem Angebot verstecken Tannenmeisen Nahrung als Vorrat für ungünstigere Zeiten. Außerhalb der Brutzeit schließen sie sich gern Trupps von Kohl- und Blaumeisen an und suchen dann auch Futterhäuser auf.

Durch Kopfzeichnung und Haube ⟶
ist diese Meise unverwechselbar

Haubenmeise

Lophophanes cristatus

Länge 10–12 cm
Stimme Trillernde Rufe, denen beim Gesang feinere Zwitschertöne hinzugefügt werden.
Nahrung Im Sommer Insekten und deren Larven, im Winter Samen, v. a. die von Nadelbäumen.
Vorkommen Jahresvogel in Nadelwäldern, im Vergleich zu anderen Meisenarten seltener in offenem Gelände zu sehen. Gärten werden nur in Waldnähe besucht.

→ TYPISCH Zum Brüten nutzen Haubenmeisen meist Höhlen, die sie selbst in morsches Holz zimmern, aber auch Spechthöhlen und Nistkästen. Brutpaare bleiben ihr Leben lang zusammen und verlassen ihr Revier auch im Winter eher nicht. Trotzdem finden sie sich dann mit anderen Meisenarten zu Trupps zusammen. Durch die Anpflanzung von Nadelwäldern haben Haubenmeisen in den letzten 100 Jahren in Deutschland stark zugenommen.

❶ Sumpfmeise

Poecile palustris

STECKBRIEF 11–13 cm • Kopfplatte und Kinnfleck glänzend schwarz, Kopfseiten weiß, Oberseite braun, keine Flügelbinde • Ganzjährig in Laub- und Mischwäldern, im Winter auch in Gärten • Zeternde Rufe, Gesang aus monotoner Reihe kurzer Töne (»tjä-tjä-tjä-tjä-…«).

❷ Weidenmeise

Poecile montanus

STECKBRIEF 12–13 cm • Sehr ähnlich Sumpfmeise, größerer Kinnfleck, Kopfplatte matt schwarz, helles Flügelfeld • Bewohnt ganzjährig Wälder aller Art, seltener als Sumpfmeisen in Gärten • Rufe ähnlich Sumpfmeise, aber behäbiger (breit »dää-dää-dää«). Gesang aus Reihe abfallender Pfeiftöne.

Wintergäste aus Nord-europa mit weißem Kopf

Schwanzmeise

Aegithalos caudatus

Länge 13–15 cm
Stimme Äußert fast ununterbrochen hohe oder schnurrende Rufe, der leise zwitschernde Gesang ist selten zu hören.
Nahrung Kleine Insekten und Spinnen, Raupen, kleine Knospen, Teile von Früchten.
Vorkommen Jahresvogel, der in Laub- und Mischwäldern, aber auch in Gärten brütet. Im Winter auch in offenerem Gelände.

→ TYPISCH **Schwanzmeisen bauen kugelförmige Nester, die sich oft niedrig in Büschen, gelegentlich aber bis zu 30 m hoch in Bäumen befinden. Sie brüten zwar paarweise, doch helfen Altvögel mit erfolglosen Bruten anderen Paaren bei der Aufzucht der Jungvögel. Auch außerhalb der Brutzeit sind Schwanzmeisen sozial und streifen in Trupps von meist 10–20 Vögeln scheinbar rastlos durch die Gegend.**

Weibchen unauffälliger gefärbt, besonders am Kopf →

Haussperling

Passer domesticus

Länge 14–16 cm
Stimme Verschiedene schilpende und ratternde Rufe. »Gesang« aus einer Reihe langsam wiederholter »schilp«-Rufe.
Nahrung Getreide und andere Pflanzensamen, zur Brutzeit auch Insekten.
Vorkommen Jahresvogel in Siedlungen aller Art, vom Einzelgehöft bis zur Großstadt. Nahrungssuche auch auf Feldern und Wiesen.

→ TYPISCH **Die sehr geselligen Haussperlinge sind die Charaktervögel vieler Dörfer und Städte. Sie nisten fast immer in Hohlräumen von Gebäuden, auch in Nistkästen. Oft befinden sich mehrere Nester dicht beieinander, mitunter gibt es unter Dächern auch große Gemeinschaftsnester von bis zu 20 Paaren. Die Nahrungssuche erfolgt meist in Trupps, die Schutz vor Angriffen von Greifvögeln oder Katzen bieten.**

Unterschied zum Haussperling: Kopfzeichnung und weißer Nackenring →

Feldsperling

Passer montanus

Länge 13–14 cm
Stimme Ähnlich Haussperling, häufig aber härtere und rauere Rufe.
Nahrung Körner und andere Samen, zur Brutzeit auch Insekten.
Vorkommen Jahresvogel in Dörfern und Gärten, aber auch in kleineren Baumbeständen wie Feldgehölzen, Obstbaumalleen und Hecken. Insgesamt häufiger als Haussperlinge in offener Landschaft.

→ TYPISCH Feldsperlinge brüten in Baumhöhlen und nehmen gern Nistkästen an. Menschen gegenüber zeigen sie aber größere Scheu als ihre nahen Verwandten, die Haussperlinge. Außerhalb der Brutzeit bilden sie wie diese große Trupps, in denen sie oft gemeinsam mit Goldammern und verschiedenen Finkenarten der Nahrungssuche nachgehen. In Gärten kommen sie gern an Futterhäuser, selbst an Meisenknödeln können sie im Hängen fressen.

Weibchen sind schlicht grünlich grau gefärbt →

Buchfink

Fringilla coelebs

Länge 14–16 cm
Stimme Laut schmetternder, in der Tonhöhe abfallender Gesang mit Überschlag am Ende (»ich-ich-ich bin der Bräutigam«). Verschiedene Rufe: kräftig »pink« (daher der Name »Fink«), rollend »rrrüp« (der so genannte »Regenruf«), im Flug zurückhaltend »tjüpp«.
Nahrung Im Sommer überwiegend Insekten, im Winter verschiedene Pflanzensamen (auch Bucheckern, Getreide).
Vorkommen Ganzjährig in Wäldern, Parks und Gärten.

→ TYPISCH Einer der häufigsten Vögel Europas. Im Herbst kommen nordeuropäische Brutvögel zu uns. Sie leben dann in Trupps, oft zusammen mit anderen Finkenarten wie dem Bergfink. Die Nahrungssuche findet im Winterhalbjahr am Boden statt, bei Gefahr fliegen die Vögel aber sofort in Büsche und Bäume zurück. Dies ist auch an Futterstellen im Garten zu beobachten.

Weibchen und Männchen im Winter mit grauem Kopf

Bergfink

Fringilla montifringilla

Länge 14–16 cm
Stimme Am quäkenden Ruf gut aus Buchfinken-Trupps herauszuhören. Gesang monoton, abfallend und rau »rrrrüh« (ähnlich dem Schlusston der Grünfinkenstrophe).
Nahrung Im Winter Pflanzensamen, insbesondere Bucheckern. Im Sommer Insekten.
Vorkommen Nordeuropäischer Brutvogel in lichten Nadel- und Birkenwäldern. Überwintert in Mittel- und Südeuropa, lebt dann v. a. in Buchenwäldern, aber auch in Gärten.

→ TYPISCH Die Verbreitung im Winter ist von Jahr zu Jahr unterschiedlich und richtet sich nach dem Vorkommen der Hauptnahrung, den Bucheckern. In »Mastjahren« können sich in Buchenwäldern mit reichem Nahrungsangebot Schwärme von weit mehr als einer Million Vögel versammeln. In Gärten kommen Bergfinken meist nur einzeln oder in kleinen Trupps an Futterstellen.

Jungvogel mit noch unauffällig gefärbtem Kopf →

Stieglitz · Distelfink

Carduelis carduelis

Länge 12–14 cm
Stimme Dreisilbiger, namengebender Ruf (»sti-ge-litt«). Gesang leises Zwitschern, darin immer wieder der typische Ruf eingeflochten.
Nahrung Verschiedene Pflanzensamen, auch Blattläuse.
Vorkommen Ganzjährig anwesender Brutvogel in lichten Wäldern und lockeren Baumbeständen (z. B. Obstgärten). Nahrungssuche in offener Landschaft, zumeist auf Brachflächen oder an Wegrändern.

→ TYPISCH Stieglitze ernähren sich fast ausschließlich von Samen. Ihr Name »Distelfink« verrät, dass sie auf Disteln spezialisiert sind. Mit dem für Finkenvögel recht langen und spitzen Schnabel ziehen sie die Distelsamen geschickt aus den Blüten. Zum Brüten finden sich mitunter mehrere Paare zu lockeren Gruppen zusammen, deren Mitglieder auch gemeinsam auf Nahrungssuche gehen.

Weibchen blasser und etwas fleckig gefärbt →

Grünfink

Chloris chloris

Länge 14–16 cm
Stimme Etwas abgehackt wirkender Gesang mit trillernden und zwitschernden Elementen, endet oft mit lang gezogenem rauen Schlusston. Rufe meist in Serien (»jüp-jüp-jüp«).
Nahrung Verschiedene Pflanzensamen, Fruchtfleisch von Hagebutten, Knospen.
Vorkommen Jahresvogel in Parks und Gärten, auch in Siedlungen und an Waldrändern.

→ TYPISCH **Der kräftige Schnabel kennzeichnet Grünfinken als Körnerfresser, die im Winter gern truppweise an Futterhäusern auftauchen. Kleinere Samen lösen sie geschickt mit Schnabel und Zunge aus den Blüten, größere wie Sonnenblumenkerne werden mit dem Schnabel aufgebissen. Ihre Nester bauen sie bevorzugt im Geäst von Fichten und Wacholder, aber auch in Kletterpflanzen an Gebäuden.**

Weibchen blasser gefärbt, ohne schwarzen Scheitel →

Erlenzeisig

Spinus spinus

Länge 11–12 cm
Stimme Unauffälliger, fein zwitschernder Gesang, der mit lang gezogenem Summen endet. Feine, traurig klingende Rufe.
Nahrung Pflanzensamen, v. a. von Fichten, Birken und Erlen.
Vorkommen Brütet in Nadel- und Mischwäldern, außerhalb der Brutzeit auch in Feldgehölzen, Parks und Gärten.

→ TYPISCH Mit ihrem spitzen Schnabel sind Erlenzeisige darauf spezialisiert, Samen aus Erlenzapfen herauszuarbeiten. Dabei hängen sie oft kopfüber an den Zapfen. Als Nahrung beliebt sind auch Samen von Fichten und Birken. Außerhalb der Brutzeit leben Erlenzeisige in Trupps, die im Flug wegen der sehr geringen Abstände der Vögel zueinander einen sehr dichten Eindruck machen. Typischerweise wirkt ihr Flug dann leicht und hüpfend.

Weibchen schlichter gefärbt, oben und unten gestrichelt →

Girlitz

Serinus serinus

Länge 11–12 cm
Stimme Schneller, quietschend klirrender Gesang, der entweder in einem fledermausartigen Flug mit langsamen Flügelschlägen oder von Baumspitzen und Fernsehantennen aus vorgetragen wird. Ähnlich klingende, trillernde Rufe.
Nahrung Kleine Pflanzensamen, im Frühjahr auch Knospen.
Vorkommen Bewohnt v. a. Parks und Gärten im Bereich menschlicher Siedlungen, in Mitteleuropa meist Zugvogel.

→ TYPISCH Der Girlitz ist ein naher Verwandter des Kanarienvogels. Die Art stammt ursprünglich aus dem Mittelmeerraum und ist von dort aus erst in den letzten 80–200 Jahren nach Deutschland eingewandert. In Gärten und Parks profitieren Girlitze von angepflanzten Nadelbäumen als Brutplätze sowie von der Pflege von Grasflächen und Beeten, die Pflanzensamen am Boden zugänglich macht.

»kältere« Farbtöne bei Wintergästen aus Skandinavien →

Alpenbirkenzeisig

Acanthis cabaret

Länge 12–14 cm
Stimme Ruft hart »tschett« (meist mehrfach). Gesang besteht aus solchen Rufen, in die raue Triller eingebettet werden.
Nahrung Überwiegend Pflanzensamen, im Frühjahr auch Nektar und Pollen von Weidenblüten sowie Insekten.
Vorkommen Bewohnt in den Bergen Nadelwälder, im Tiefland dagegen Siedlungen mit Gärten und Parkanlagen.

→ TYPISCH Sowohl von den Alpen als auch von Großbritannien her haben sich Alpenbirkenzeisige in den letzten Jahrzehnten über Mitteleuropa als Brutvogel ausgebreitet und besiedeln inzwischen die meisten Städte. Da sie ihren Gesang bei ausgedehnten Singflügen hören lassen, ist es schwierig, den genauen Brutplatz festzustellen. Im Winter treten als Gäste auch die sehr ähnlichen Taigabirkenzeisige aus Nordeuropa auf.

Weibchen blasser gefärbt, ohne Rot an Stirn und Brust →

Bluthänfling

Linaria cannabina

Länge 12–14 cm
Stimme Zwei- oder dreisilbig vorgetragene Rufe (»tüg-itt«) klingen weicher als beim Grünfink. Gesang beginnt mit ähnlichen Tönen und setzt sich mit verschiedenen Trillern und quäkenden Tönen fort.
Nahrung Vorwiegend Samen von Wildkräutern und Bäumen, auch zur Brutzeit nur wenig Insekten.
Vorkommen Bewohnt Siedlungen sowie offene Landschaft mit dichtem Gebüsch. In Mitteleuropa größtenteils Zugvogel.

→ TYPISCH Bei der Wahl des Brutplatzes sind Bluthänflinge flexibel. Sie können sowohl in belaubten Büschen als auch in Koniferen Nester bauen und scheuen dabei nicht die Nähe des Menschen. Ihre Jungvögel füttern sie mit Pflanzensamen, die vorher im Kropf aufgeweicht werden. An nahrungsreichen Orten bilden Bluthänflinge außerhalb der Brutzeit größere Trupps.

Weibchen unterseits bräunlich grau →

Gimpel · Dompfaff

Pyrrhula pyrrhula

Länge 16–17 cm
Stimme Weiche, leicht abfallende und traurig klingende Rufe (»düü«). Unauffälliger, selten zu hörender Gesang aus leisem Pfeifen und Trillern.
Nahrung Pflanzensamen (v. a. Brennnessel und Ahorn) und Knospen (besonders Pflaume und Ahorn).
Vorkommen Brütet in Mischwäldern und Parks, im Winter gern in Gärten und häufig an Futterhäusern.

→ TYPISCH Männchen und Weibchen finden oft schon im Herbst zu Paaren zusammen, streifen im Winter gemeinsam umher und bleiben möglicherweise sogar ihr Leben lang beieinander. Im Frühjahr bauen sie ihr Nest am liebsten in besonders dichtem Geäst von Nadelbäumen. Ihre Jungen füttern sie mit im Kropf aufgeweichten Samen, aber auch mit Insekten, Raupen und Spinnen.

1 Kernbeißer

Coccothraustes coccothraustes

STECKBRIEF 17–18 cm • Gefieder dunkelgrau bis bräunlich, sehr dicker Schnabel, weiße Felder an Flügel und Schwanz • Jahresvogel in Laub- und Mischwäldern, Parks und Gärten • Knackt Samen bis hin zum Kirschkern • Ruft scharf »zick«, leiser Gesang aus den scharfen Rufen und langen, gepressten Tönen.

2 Fichtenkreuzschnabel

Loxia curvirostra

STECKBRIEF 15–17 cm • Überkreuzter Schnabel, Männchen rot, Weibchen grün • Jahresvogel in Nadelwäldern, z. T. in Gärten • Schneidet mit speziell geformtem Schnabel Nadelbaumzapfen auf, um an die Samen zu gelangen • Brütet auch im Winter • Ruft laut und klar »gipp«.

Weibchen mit braunem Kopf
und weißem Überaugenstreif →

Rohrammer

Emberiza schoeniclus

Länge 13–15 cm
Stimme Gesang aus langsam vorgetragenen Einzeltönen, meist von der Spitze eines Schilfhalms oder eines Busches aus. Ruft lang gezogen, leicht abfallend »psüüü«.
Nahrung Im Sommer überwiegend Insekten, sonst v. a. Samen.
Vorkommen Lebt in Feuchtgebieten, besonders an Schilfbeständen, auch an kleineren Parkgewässern. Überwiegend Zugvogel.

→ TYPISCH Rohrammer-Nester werden ausschließlich von den Weibchen gebaut und befinden sich meist dicht am Boden und gut versteckt in Grasbüscheln oder Altschilf. Auch das knapp zweiwöchige Bebrüten der meist 5 Eier ist allein Sache des Weibchens. Das Füttern der Jungvögel übernehmen beide Partner gemeinsam, wobei der Nachwuchs nach 2 Wochen das Fliegen lernt, jedoch noch weitere 10 Tage außerhalb des Nestes betreut wird.

Weibchen weniger intensiv gelb, unten schwärzlich gestrichelt →

Goldammer

Emberiza citrinella

Länge 16–17 cm
Stimme Weit hörbarer Gesang aus mehreren kurzen Tönen und einem lang gezogenen Schlusston (»ich-ich-ich-hab-dich-lieb«). Ruft rau »trütt«.
Nahrung Samen von Wildgräsern und Getreide, Jungvögel werden mit Insekten, Spinnen und Asseln gefüttert.
Vorkommen Jahresvogel in offener, buschiger Landschaft und an Waldrändern. Im Winter auch an Futterstellen in Gärten.

→ TYPISCH Im Februar und März verlassen erst die bunten Männchen, dann die schlichter gefärbten Weibchen die oft großen Wintertrupps. Zu Brutbeginn im April befinden sich die meisten Nester innerhalb von Gebüschen am Boden und werden häufig ausgeraubt. Erst wenn die beginnende Belaubung mehr Sichtschutz bietet, werden Nester auch etwas höher im Busch gebaut und mit besserem Erfolg bebrütet.

Im Schlichtkeid stark hell gesprenkelt

Star

Sturnus vulgaris

Länge 19–22 cm
Stimme Gesang aus kratzigem Quietschen und Pfeifen, darin eingebettet ein reichhaltiges Repertoire von Imitationen anderer Vogelstimmen. Ruft heiser »ärrr«.
Nahrung Überwiegend Insekten, bevorzugt Schnakenlarven und Käfer. Im Sommer auch Früchte und Obst (gern Kirschen).
Vorkommen Brütet in Baumhöhlen oder Nistkästen in Wäldern und Dörfern, auch an Gebäuden. Nahrungssuche auf Feldern und Wiesen. In Mitteleuropa meist Zugvogel.

→ TYPISCH Stare sind sehr gesellig. Sie brüten gern zu mehreren Paaren in enger Nachbarschaft und gehen truppweise der Nahrungssuche nach. Gelegentlich jagen sie gemeinsam im Flug nach schwärmenden Insekten. Nach der Brutzeit und auf dem Zug bilden sie große Schwärme und sammeln sich abends zu Zigtausenden an Schlafplätzen im Schilf.

Weibchen braun, Unterseite etwas heller

Amsel

Turdus merula

Länge 24–29 cm
Stimme Melodischer, flötender Gesang, v. a. in der Morgen- und Abenddämmerung. Bei Gefahr laut schimpfend.
Nahrung Sehr vielseitig: Regenwürmer, Käfer, Ameisen und andere Kleintiere, auch Beeren und andere fleischige Früchte.
Vorkommen Ganzjährig in Gärten, Parks, Wäldern und Feldgehölzen. Im Winter häufig an Futterstellen.

→ TYPISCH Amseln sind erfolgreiche Kulturfolger. Sie profitieren von der Bepflanzung der Gärten mit immergrünen Nadelhölzern, die ganzjährig Schutz bieten. Futterhäuser unterstützen besonders bei Schnee das Überleben im Winter. Die braun gefärbten Weibchen setzen ebenso wie die Männchen ihren Schnabel als Werkzeug ein, um Laub beiseite zu scharren und damit besseren Zugang zu ihren Beutetieren zu bekommen.

Singt am liebsten auf Baumspitzen →

Misteldrossel

Turdus viscivorus

Länge 26–29 cm
Stimme Langer, schnarrender Ruf. Gesang ähnlich Amsel, aber sehr kurze Strophen.
Nahrung Im Sommer Würmer und Insekten, im Winter Früchte und Beeren (besonders Mistel).
Vorkommen Brütet in hochstämmigen Wäldern und gebietsweise auch in Parks. Nahrungssuche auch auf Wiesen und Feldern. Ein Teil der Vögel bleibt ganzjährig in Mitteleuropa, einige ziehen zum Überwintern nach Süden.

→ TYPISCH Die größte europäische Drosselart trägt ihren Namen aufgrund ihrer Vorliebe für die Beeren der Mistel, einer an Bäumen lebenden Schmarotzerpflanze. Die klebrigen Beeren bleiben häufig am Schnabel hängen und werden dadurch zu benachbarten Bäumen transportiert. Auf diese Weise tragen die Drosseln zur Verbreitung der Mistel bei.

Unterseite stark gefleckt →

Singdrossel

Turdus philomelos

Länge 20–22 cm
Stimme Gesang aus kurzen, meist zwei- bis dreimal wiederholten Strophen. Ruft scharf »zipp«.
Nahrung Im Frühjahr und Sommer Regenwürmer, Käfer, Schmetterlinge, Spinnen und Schnecken, sonst Beeren und Früchte.
Vorkommen Zugvogel, der in Wäldern und Parks brütet, aber auch in Gärten zu sehen ist.

→ TYPISCH Wo Singdrosseln leben, findet man häufig auch »Schneckenschmieden«. Geeignete Steine, aber auch Treppenstufen werden als Unterlage genutzt, um im Schnabel gehaltene Schneckenhäuser zu zerschlagen. Der weiche Inhalt wird anschließend gefressen. Ansonsten leben Singdrosseln heimlicher als andere Drosseln im Unterholz und machen dort v. a. durch ihr Rascheln im Laub auf sich aufmerksam.

Rotdrossel

Turdus iliacus

Länge 19–23 cm
Stimme Ruft scharf und lang gezogen »zieeeh«. Gesang abgehackt und wenig melodisch.
Nahrung Regenwürmer, Käfer und andere Kleintiere, auch Beeren und Früchte wie Holunder, Weißdorn und Eberesche.
Vorkommen Brutvogel in Nordeuropa, der in Mitteleuropa überwintert. Zu sehen in offenem Gelände, lichten Wäldern und Gärten.

→ TYPISCH **Auf dem Zug und im Winter treten Rotdrosseln bei uns meist in Trupps auf. Oft sind sie dabei mit Wacholderdrosseln vergesellschaftet, mit denen sie gemeinsam auf Wiesen und Feldern auf Nahrungssuche gehen. In Gärten sitzen sie mitunter gut sichtbar in Büschen und Bäumen, wo sie v. a. Beeren verzehren. Besonders im Herbst sind am nächtlichen Himmel die scharfen Rufe durchziehender Rotdrosseln zu hören.**

Im Flug helle Unterflügel und heller Bauch →

Wacholderdrossel

Turdus pilaris

Länge 22–27 cm
Stimme Raue, schackernde Rufe. Gesang krächzend und quietschend, oft im Flug vorgetragen.
Nahrung Regenwürmer, Insekten und andere Kleintiere, besonders im Herbst und Winter Beeren und andere Früchte.
Vorkommen Brütet in Baumbeständen aller Art, Nahrungssuche auf Wiesen und Feldern. Jahresvogel, im Herbst starker Zuzug aus Nordeuropa.

→ TYPISCH Von den heimischen Drosselarten ist die Wacholderdrossel die geselligste. Sie brütet gern in Gemeinschaft mehrerer Paare. Gemeinsam werden dort eindringende Krähen oder Greifvögel attackiert und mit Kotspritzern zu vertreiben versucht. Außerhalb der Brutzeit treten Wacholderdrosseln häufig in Schwärmen von mehreren Hundert Vögeln auf, gern zusammen mit Staren und Rotdrosseln.

Am Flügel befinden sich rote Hornplättchen →

Seidenschwanz

Bombycilla garrulus

Länge 18–21 cm
Stimme Hohe, glöckchenartige Rufe (»sirrr«).
Nahrung Im Winter Beeren (gern Ebereschen, Hagebutten, Misteln) und an Bäumen verbliebene Äpfel. Im Sommer Insekten.
Vorkommen Jahresvogel in Nadelwäldern Nordskandinaviens. In manchen Wintern invasionsartige Wanderungen nach Mitteleuropa, dort dann v. a. in Siedlungen und Gärten.

→ TYPISCH **Seidenschwänze treten im Winter fast immer in Trupps von 5–20 Vögeln auf. Ihren Namen tragen sie wegen des besonders weichen Gefieders. Charakteristisch sind die wachsartigen Hornplättchen auf dem Flügel. In Anlehnung an den Klang mittelalterlicher Pestglocken wurde der Seidenschwanz aufgrund seiner hellen Rufe volkstümlich »Pestvogel« genannt. Auch heute wird man meist durch diese Rufe auf die Anwesenheit von Seidenschwänzen aufmerksam.**

Insektennahrung für die Jungvögel wird in großen Portionen gebracht

Wasseramsel

Cinclus cinclus

Länge 17–20 cm
Stimme Geschwätz aus hohen, klaren, oft metallisch klingenden Tönen, mitunter kaum im Wasserrauschen auszumachen und meist von einem aus dem Wasser ragenden Stein aus vorgetragen. Ruft scharf »srit«.
Nahrung Hauptsächlich Wasserinsekten und Flohkrebse, auch kleine Fische und Amphibien.
Vorkommen Ganzjährig und ausschließlich an schnell fließenden Flüssen und Bächen, auch innerhalb von Siedlungen.

→ TYPISCH Wasseramseln sind sehr eng an Fließgewässer als Lebensraum gebunden. Als einzige Singvögel können sie in Fließgewässern tauchen. Sie tun dies ausgiebig, um kleine Wassertiere vom Gewässergrund aufzusammeln. Auch bei der Balz spielt das Schwimmen eine Rolle. Ihre kugelförmigen Nester bauen sie unmittelbar am Bachufer unter Baumwurzeln, Steinen oder Brücken.

❶ Gebirgsstelze

Motacilla cinerea

STECKBRIEF 17–20 cm • Gelbe Unterseite, grauer Rücken, langer Schwanz, Männchen mit schwarzer Kehle • Jahresvogel, fast nur an Fließgewässern • Sitzt gern schwanzwippend auf Steinen im Bach • Brütet unter Baumwurzeln und Steinen am Ufer oder unter Brücken • Rufe höher als die der Bachstelze.

❷ Schafstelze

Motacilla flava

STECKBRIEF 15–16 cm • Gelbe Unterseite, grünlicher Rücken, Weibchen blasser • Brütet in Feuchtwiesen und Getreidefeldern, überwintert südlich der Sahara • Nahrungssuche zwischen Weidevieh (früher auch Viehstelze genannt) • Abgehackter Gesang aus 2–3 Tönen, Ruf leicht abfallend »psiee«.

Bei Jungvögeln Kopfzeichnung undeutlich, Brustlatz diffus →

Bachstelze

Motacilla alba

Länge 17–19 cm
Stimme Gesang unauffällig zwitschernd, Ruf markant und hell »zi-witt«.
Nahrung Mücken, Fliegen und andere Insekten, auch Flohkrebse und kleine Fischchen.
Vorkommen Bewohnt die offene Kulturlandschaft in unterschiedlichster Ausprägung, meist in der Nähe von Gewässern und Pfützen, häufig auch in Siedlungen. Meist Zugvogel.

→ TYPISCH Bei der Nahrungssuche laufen Bachstelzen am Boden umher und verfolgen dabei Insekten mit schnellen Schritten oder kurzen Flügen. Ihre napfförmigen Nester bauen sie in Höhlungen oder Spalten verschiedenster Art, sowohl an Gebäuden und Brücken als auch am Bachufer, in Schutthaufen oder in Büschen. Fast ununterbrochen mit dem langen Schwanz wippend.

❶ Sprosser

Luscinia luscinia

STECKBRIEF 15–17 cm • Oberseite braun, Schwanz rötlich, Unterseite hell, Brust undeutlich gefleckt • Lebt versteckt in feuchten Laubwäldern und Gebüschen, oft nahe Gewässern • Nur im Nordosten Deutschlands, Zugvogel • Singt v. a. nachts, laut und ähnlich Nachtigall, aber abgehackter, härter und trockener.

❷ Nachtigall

Luscinia megarhynchos

STECKBRIEF 15–17 cm • Oberseite und Schwanz rötlich braun, Brust höchstens schwach getönt • Lebt versteckt in Gehölzen mit dichtem Unterwuchs, auch in Siedlungen, Zugvogel • Sehr lauter Gesang aus wuchtigen und flötenden Abschnitten, v. a. nachts.

Rotkehlchen

Erithacus rubecula

Länge 13–14 cm
Stimme In der Tonhöhe abfallender, perlender Gesang, gelegentlich auch im Winter. Feine »tick«-Rufe, oft in schnellen Reihen.
Nahrung Sehr vielseitig, besonders Insekten, Spinnen, Asseln, kleine Würmer und Schnecken.
Vorkommen Häufiger Jahresvogel in Busch- und Baumbeständen aller Art, besonders in Wäldern, Parks und Gärten, besucht gern Futterstellen.

→ TYPISCH Rotkehlchen halten sich zur Nahrungssuche meist am Boden auf. Zum Brüten bleiben sie ebenfalls am Boden, denn ihre Nester bauen sie entweder unter Wurzeln, unter Grasbüscheln, an Kletterpflanzen oder in anderen bodennahen Höhlungen. Das Bebrüten des Geleges obliegt allein dem Weibchen, beim Füttern der Jungvögel wird es aber vom Männchen unterstützt.

Weibchen unterseits heller als Hausrotschwanz →

Gartenrotschwanz

Phoenicurus phoenicurus

Länge 13–14 cm
Stimme Gesangsstrophen beginnen mit einem hohen und 2 tieferen Tönen (»di-dada«), gefolgt von einigen variablen, schwatzenden Lauten.
Nahrung Insekten und Spinnen, sporadisch auch Beeren.
Vorkommen Lebt in lichten Wäldern, Parks und Gärten. Überwinterung in Afrika südlich der Sahara.

→ TYPISCH Gartenrotschwänze brüten in Baumhöhlen. Fehlen diese, nehmen sie ersatzweise gern Nistkästen an. Bei der Nahrungssuche halten sie von einer Sitzwarte aus Ausschau nach Kleintieren, die sie meist durch einen Flug zum Boden, gelegentlich aber auch durch »Schnäppern« in der Luft erbeuten. Da Haus- und Gartenrotschwanz sehr nah miteinander verwandt sind, kommt es gelegentlich zu Mischbruten von je einem Männchen und Weibchen der beiden Arten.

Weibchen (und z. T. einjährige Männchen) → graubraun mit rostrotem Schwanz

Hausrotschwanz

Phoenicurus ochruros

Länge 13–14 cm
Stimme Beim Gesang folgt einer hell klingenden Tonreihe ein lang gestrecktes, raues Fauchen, bevor die Strophe mit weiteren hellen Tönen endet.
Nahrung Insekten und Spinnen, im Herbst auch Beeren.
Vorkommen Häufiger Brutvogel in Siedlungen aller Art. Zur Nahrungssuche auch in umliegenden Feldern und Wiesen. Überwinterung im Mittelmeerraum.

→ TYPISCH Als Felsbrüter war die Art ursprünglich auf Gebirgsregionen beschränkt. Seit Mitte des 19. Jahrhunderts breitete sie sich über flachere Landschaften aus und besiedelt seitdem auch vom Menschen geschaffene »Felslandschaften« wie Siedlungen (besonders Neubaugebiete), Industrieareale und Kiesgruben. In Siedlungen ist der Hausrotschwanz in der Regel der früheste Sänger – noch vor Einsetzen der Dämmerung.

❶ Heckenbraunelle

Prunella modularis

STECKBRIEF 13–14 cm • Braunes, gestreiftes Gefieder, blaugrauer Kopf, dünner Schnabel • Bewohnt Hecken, Parks, Gärten, Siedlungen • Überwiegend Zugvogel, einige Vögel überwintern bei uns • Nahrungssuche eher heimlich im Unterholz • Hoher, klirrender Gesang von erhöhter Warte aus.

❷ Feldlerche

Alauda arvensis

STECKBRIEF 16–18 cm • Hellbraunes, gestreiftes Gefieder, kleine, angelegte Haube, weißlicher Flügelhinterrand • Brütet in Feldern, Wiesen und Weiden • Überwinterung in Südeuropa • Scheinbar endloser Singflug aus trillernden Tönen und Imitation anderer Arten, Vogel »steht« dabei hoch in der Luft.

3 Baumpieper

Anthus trivialis

STECKBRIEF 14–16 cm • Gestreiftes Gefieder, kräftige Bruststrichelung, markantere Kopfzeichnung und wärmer getönte Brust als Wiesenpieper • Brütet in Waldlichtungen und an Waldrändern, Überwinterung in Afrika südlich der Sahara • Gesang ähnlich Wiesenpieper, Singflug von Baumspitzen aus.

4 Wiesenpieper

Anthus pratensis

STECKBRIEF 14–15 cm • Unscheinbar braun und gestreift, weniger kontrastreich gefärbt als Baumpieper • Lebt in Feldern und Wiesen, teilweise Zug nach Südeuropa • Gesang aus verschiedenen Elementen in herabgleitendem Singflug, der am Boden startet • Ruft kurz »ist ist«.

Das auffälligste am Zaunkönig ist der schmetternde Gesang →

Zaunkönig

Troglodytes troglodytes

Länge 9–10 cm
Stimme Lauter, schmetternder Gesang, der auch im Winter zu hören ist; schnurrender Warnruf.
Nahrung Vorwiegend verschiedene Insekten und Spinnen, im Winter zusätzlich Pflanzensamen.
Vorkommen Bewohnt dichten Unterwuchs von Wäldern, Parks und Gärten. Jahresvogel.

→ TYPISCH Der für einen solch kleinen Vogel erstaunlich laute Gesang dient im Frühjahr und Sommer zum Abgrenzen des Brutreviers, im Winter zur Markierung des Nahrungsreviers. Das Männchen baut in Höhlungen von Baumstämmen oder in Mauern mehrere kugelförmige Nester, von denen sich das Weibchen eines zum Brüten aussucht. Viele Männchen haben 2, manche sogar bis zu 4 Weibchen. Die Nester werden ganzjährig auch zum Übernachten benutzt.

Von Zweigen aus wird nach Insekten gespäht

Grauschnäpper

Muscicapa striata

Länge 13–15 cm
Stimme Unauffälliger Gesang aus leisen, teilweise kratzenden Tönen. Ruft häufig dünn »ssri« oder warnend »zi-teck«.
Nahrung Insekten und Spinnen, im Herbst gelegentlich Beeren.
Vorkommen Brütet in lichten Wäldern, Parks und Gärten. Überwinterung in Afrika südlich der Sahara.

→ TYPISCH Grauschnäpper brüten in Nischen in Baumstämmen, an Hauswänden und in halb offenen Nistkästen. In Mitteleuropa gehören sie zu den spätesten Brutvögeln, denn die Eiablage beginnt vielfach erst im Juni. Ihre Insektenbeute fangen sie vom Ansitz aus im Flug, zum Teil erst nach wendiger Verfolgungsjagd. Vor dem Verschlingen schlagen sie größere Beutetiere wie Libellen oder Schmetterlinge gegen Äste. Bienen und Wespen wird der Stachel entfernt, um innere Verletzungen zu vermeiden.

❶ Halsbandschnäpper

Ficedula albicollis

STECKBRIEF 12–14 cm • Ähnlich Trauerschnäpper schwarz-weiß gefärbt, aber weißer Halsring und weißer Bürzel • Brütet in lichten Wäldern und Parks in Süddeutschland, überwintert im tropischen Afrika • Gesang leiser und langsamer als Trauerschnäpper, oft mit langem »iip«, dies oft auch als einzelner Ruf.

❷ Trauerschnäpper

Ficedula hypoleuca

STECKBRIEF 12–14 cm • Männchen oben schwarz-weiß, unten weiß, Weibchen viel matter • Brütet in Baumhöhlen und Nistkästen in Wäldern und großen Gärten, überwintert in den Tropen West- und Zentralafrikas • Gesangsbeginn laut »wuti-wuti«, gefolgt von leiserem Zwitschern.

Selten sieht man den Gelbspötter so frei sitzen →

Gelbspötter

Hippolais icterina

Länge 12–14 cm
Stimme Schneller Gesang mit kratzenden und quäkenden Tönen, darunter häufig wiederholt »Doktor Knie«. Einbau von Stimmen anderer Vogelarten in den Gesang. Ruft dreisilbig »tete-hüii«.
Nahrung Insekten, Spinnen und Beeren.
Vorkommen Brütet in offenen Wäldern, Feldgehölzen, Parks und größeren Gärten. Überwintert im südlichen Afrika.

→ TYPISCH Im Aussehen den Laubsängern Fitis und Zilzalp (S. 56/57) sehr ähnlich. Doch der Gelbspötter lebt deutlich heimlicher als diese und bleibt meist im dichten Blattwerk von Büschen und Bäumen verborgen. Dort bewegt er sich besonders entlang der größeren Zweige und Äste. Insekten werden von Zweigen und Blättern aufgelesen und nicht wie bei den Laubsängern aus der Luft geschnäppert.

Manche Durchzügler aus Skandinavien
mit grauerem Gefieder →

Fitis

Phylloscopus trochilus

Länge 11–12 cm
Stimme Melancholischer, abfallender Gesang (»Buchfink in Moll«) meist aus dem oberen Baumbereich heraus. Ruft leicht ansteigend zweisilbig »hü-ihd«.
Nahrung Kleine Insekten, auch Spinnen und relativ selten Früchte und Beeren.
Vorkommen Brütet in lichten Wäldern, Feldgehölzen und Parks. Überwinterung von West- bis Südafrika.

→ TYPISCH Der Zug zwischen Brutgebiet und Winterquartier findet nachts statt. Im Frühjahr bei uns rastende Durchzügler singen häufig intensiv und verbreiten so das Flair skandinavischer Birkenwälder, wo sie besonders häufig brüten. Bei der Nahrungssuche halten sich Fitisse meist hoch in Büschen und Bäumen auf. Insekten werden entweder in der Luft erjagt oder von Blättern gepickt, teilweise auch im Rüttelflug.

Zur Brutzeit sammelt der Zilpzalp unermüdlich Insekten für den Nachwuchs →

Zilpzalp

Phylloscopus collybita

Länge 10–12 cm
Stimme Singt monoton abwechselnd »zilp-zalp« (bis zu hundertmal hintereinander). Ruf ähnlich Fitis, wirkt aber eher einsilbig.
Nahrung Ganz überwiegend Insekten, nur vereinzelt Beeren und Früchte.
Vorkommen Brütet in Wäldern und anderen Lebensräumen mit Bäumen, auch in Gärten. Zugvogel, der im Mittelmeerraum überwintert.

→ TYPISCH Ebenso wie der gleichmäßige Gesang erfolgt auch die Nahrungssuche meist hoch in Bäumen. Ganz im Gegensatz dazu wird das Nest nur wenige Zentimeter über dem Boden gebaut, in Gärten gern in Brombeeren oder im Efeu. Das Bebrüten der meist 4–6 Eier dauert nur 14 Tage. Weitere 14 Tage später sind die Jungvögel bereits ausgeflogen, werden aber noch weitere 2 Wochen von den Altvögeln betreut und gefüttert.

Die winzigen Vögel heben sich kaum vom Laub ab →

Wintergoldhähnchen

Regulus regulus

Länge 8–9 cm
Stimme Gesang sehr hoch, rhythmisch und zum Strophenende beschleunigend. Ruft »srri« (meist zwei- bis vierfach).
Nahrung Kleine Insekten und Spinnen.
Vorkommen Jahresvogel in Nadel- und Mischwäldern, wenn Koniferen vorhanden sind, auch in Parks und Gärten. In Nordeuropa Zugvogel.

→ TYPISCH Rastlos huschen und schlüpfen Wintergoldhähnchen durch die dichten Zweige von Nadelbäumen und nehmen dabei kleinste Beutetiere auf. Dabei können sie auch kopfüber an den Zweigen hängen. Mitunter vollführen sie kurze Schwirrflüge, um Beute von Zweigspitzen zu picken. Außerhalb der Brutzeit halten sich die kleinsten Vögel Europas oft in lockeren Trupps auf, auch zusammen mit Meisen, und sind dann weniger stark an Koniferen gebunden.

Der Kopf ist stark verschiedenfarbig gestreift →

Sommergoldhähnchen

Regulus ignicapilla

Länge 9–10 cm
Stimme Gesang sehr hoch, kürzer und einförmiger als beim Wintergoldhähnchen, besteht praktisch nur aus dessen ansteigendem und schneller werdendem Schlussteil. Rufe ähnlich Wintergoldhähnchen.
Nahrung Kleine Insekten und Spinnen.
Vorkommen Brütet in Nadel-, Misch- und Laubwäldern. Mitteleuropäische Vögel überwintern im westlichen Mittelmeerraum, südeuropäische Vögel ziehen nicht.

→ TYPISCH Im Vergleich zu ihrer Schwesterart sind Sommergoldhähnchen weniger stark an Nadelbäume gebunden. Zum Brüten bevorzugen sie aber Nadelbäume, in denen sie ihre kugelförmigen Nester in mehr als 10 m Höhe an der Astunterseite mit Zweigen verflechten. Die Gelege können bis zu 13 Eier enthalten, die wegen ihrer sehr dünnen Schale recht empfindlich sind. Sie wiegen nur 0,6 g.

Gartengrasmücke

Sylvia borin

Länge 13–14 cm
Stimme Eintönig anmutender, schwatzender Gesang mit längeren Strophen als bei der Mönchsgrasmücke und ohne deren Flötentöne.
Nahrung Insekten, Spinnen und Schnecken, nach der Brutzeit viele Beeren und Früchte.
Vorkommen Lebt versteckt und unauffällig in buschigen Bereichen von Wäldern, Hecken, Parks und Gärten. Überwintert in der Südhälfte Afrikas.

→ TYPISCH Auf dem Zug ins Winterquartier lagern Gartengrasmücken in Europa allmählich große Fettreserven als »Treibstoff« ein, bis sie in Nordafrika ihr Gewicht im Vergleich zum Ausgangswert verdoppelt haben. Dabei spielt die Ernährung von energiereichen Beeren wie Holunder eine wichtige Rolle. Die für sie lebensfeindliche Sahara wird dann im Nonstop-Flug überquert.

Das Weibchen unterscheidet sich vom Männchen nur durch die braune Kappe

Mönchsgrasmücke

Sylvia atricapilla

Länge 13–15 cm
Stimme Melodischer Gesang, Strophen enden mit wenigen klaren Flötentönen und sind kürzer als bei der Gartengrasmücke. Ruft hart »tack«.
Nahrung Meist Insekten, aber vor dem Herbstzug v. a. Beeren und Früchte.
Vorkommen Brutvogel in Gärten, Parks und Wäldern. In Südeuropa ganzjährig, sonst meist Zugvogel.

→ TYPISCH Mönchsgrasmücken gelten als sehr anpassungsfähig und haben in Mitteleuropa sowohl von der zunehmenden Waldfläche als auch von der Begrünung der Vorstädte profitiert und folglich im Bestand zugenommen. Sie haben gelernt, sich an Futterhäusern zu ernähren. Inzwischen ziehen unsere Brutvögel nicht mehr ausschließlich ans Mittelmeer, vielmehr überwintern viele nun dank dortiger Futterstellen in England.

Beim Weibchen ist der Kopf bräunlich →

Dorngrasmücke

Sylvia communis

Länge 13–15 cm
Stimme Kratzender, leise schwatzender Gesang, der oft im Singflug vorgetragen wird, enthält fast immer laute Sequenz aus 3 Doppeltönen (»drida-drida drida«).
Nahrung Kleine Insekten und andere Kleintiere, auch Beeren.
Vorkommen Lebt in der offenen Landschaft in Büschen und Hecken, auf dem Zug auch in Gärten. Im Winter südlich der Sahara bis Südafrika.

→ TYPISCH Die Dorngrasmücke hat ein besonders vielfältiges Stimmenrepertoire. Abgesehen von der oben genannten typischen Sequenz ist der Gesang sehr variabel. Daneben sind mehr als 25 verschiedene Rufe bekannt, die u. a. dem Warnen vor Feinden, dem Ausdruck von Erregung oder dem Familienzusammenhalt dienen. Nicht zuletzt aufgrund der Singflüge bleibt die Dorngrasmücke weniger im Gebüsch versteckt als andere Grasmücken.

Selbst gegenüber der dunklen Iris fällt der Augenring kaum auf →

Klappergrasmücke

Sylvia curruca

Länge 12–14 cm
Stimme Gesangsstrophen bestehen aus kaum hörbarem, knirschendem Geschwätz und enden mit lautem, leicht abfallendem »Klappern«. Ruft hart schmatzend »tack«.
Nahrung Kleine Insekten, im Sommer und Herbst auch Beeren und Früchte.
Vorkommen Bewohnt Gebüsche in lichten Wäldern, Parks und Gärten. Überwinterung in Nordostafrika.

→ TYPISCH Von den Grasmücken kommt die Klappergrasmücke am häufigsten in Siedlungen vor. Dort fällt sie v. a. durch ihren lauten Gesang auf, hingegen bleibt sie bei der Nahrungssuche meist in dichtem Buschwerk verborgen. Während die meisten mitteleuropäischen Singvögel im Herbst Richtung Südwesten oder Süden ziehen, sind Klappergrasmücken Südostzieher und überwintern vom Sudan bis Nigeria.

❶ Gartenbaumläufer

Certhia brachydactyla

STECKBRIEF 12–14 cm • Oberseite braun, Unterseite schmutzig weiß, Schnabel etwas länger als beim Waldbaumläufer • Jahresvogel in Laubwäldern und Parks • Klettert an Baumstämmen und dicken Ästen • Gesang aus aufsteigender Reihe von Pfeiftönen, häufige scharfe, weit hörbare »tüt«-Rufe.

❷ Waldbaumläufer

Certhia familiaris

STECKBRIEF 12–14 cm • Sehr ähnlich Gartenbaumläufer, aber Unterseite rein weiß und breiterer weißer Überaugenstreif • Jahresvogel in Nadel- und Mischwäldern • Klettert wie Gartenbaumläufer an Bäumen • Gesang: feine Triller, erinnert an Blaumeise • Rufe fein, hoch, rau (»srrie«), ähnlich Goldhähnchen.

Nur der Kleiber klettert mit dem Kopf nach unten am Baumstamm →

Kleiber

Sitta europaea

Länge 12–15 cm
Stimme Ruft viel und laut, sehr unterschiedliche Rufe, meist in Serien. Gesang aus besonders langen Rufreihen.
Nahrung Zur Brutzeit Spinnen und Insekten, sonst vorwiegend Pflanzensamen (besonders von Haselnuss, Buche und Nadelbäumen).
Vorkommen Jahresvogel in Laub- und Mischwäldern, Parks und größeren Gärten, besucht im Winter Futterstellen.

→ TYPISCH Als einzige Vögel klettern Kleiber mit dem Kopf voran an Baumstämmen herab. Sie brüten in Baumhöhlen, zu kleine Einfluglöcher werden aufgehämmert, zu große mit Lehm zu passender Größe verklebt – daher der Name »Kleiber«. Bereits im Sommer verstecken Kleiber überzählige Nahrung als Wintervorrat: Insekten und Samen werden in Spalten an Ästen eingeklemmt und mit Rinde oder Moos bedeckt, teils auch im Boden vergraben.

Rauchschwalben sitzen gern auf Leitungen und Drähten →

Rauchschwalbe

Hirundo rustica

Länge 17–21 cm
Stimme Plaudernder Zwitschergesang. Ruft im Flug »wit«, auch wiederholt.
Nahrung Fliegende Insekten, besonders Fliegen, Mücken, Hautflügler und Wanzen.
Vorkommen Belebt im Sommerhalbjahr Siedlungen und offenes Gelände, bei Regen oft an Gewässern konzentriert. Brütet in Gebäuden und unter niedrigen Brücken. Überwinterung in Afrika bis zur Südspitze des Kontinents.

→ TYPISCH Rauchschwalben brüten ursprünglich in Felshöhlen, entsprechend sind sie bei uns v. a. in Gebäuden (meist Ställen) zu finden. Ihr Nest bauen sie dort in Winkeln und Nischen aus Lehm und Halmen, verklebt mit dem eigenen Speichel. Nach der Brutzeit sammeln sich die Vögel zu großen Schwärmen in und um Dörfer, bevor sie in ihr afrikanisches Winterquartier aufbrechen.

Sammelt Nestbaumaterial am Boden →

Mehlschwalbe

Delichon urbicum

Länge 13–15 cm
Stimme Leiser, zwitschernder Gesang. Ruft rau und trocken »prritt«.
Nahrung Fliegende Insekten entsprechend dem Angebot im Luftraum, oft Fliegen, Mücken und Blattläuse.
Vorkommen Ursprünglich Brutvogel an Felswänden, heute zumeist an Häusern in Städten und Dörfern, häufig in Kolonien. Überwinterung in Afrika südlich der Sahara.

→ TYPISCH Anders als Rauchschwalben, die gern flach über dem Boden jagen, fliegen Mehlschwalben bei der Jagd nach Insekten meist höher am Himmel und sind dort gelegentlich gemeinsam mit den deutlich größeren Mauerseglern zu beobachten. Nester werden aus Lehm und Speichel außen an Gebäuden gebaut, vorzugsweise unter Dachvorsprüngen. Mit speziellen Nisthilfen kann man die Ansiedlung fördern.

Weibchen mit unauffälliger Kopfzeichnung, Flanken gebändert →

Neuntöter

Lanius collurio

Länge 16–18 cm
Stimme Leiser, kaum hörbarer schwatzender Gesang, Alarmruf heiser »dschää«.
Nahrung Vorwiegend Insekten (besonders Käfer, Hummeln, Heuschrecken, Grillen), aber auch Spinnen, Jungvögel und Mäuse.
Vorkommen Brütet in Hecken und Gebüschen der offenen Kulturlandschaft, mitunter auch in Parks und größeren Gärten. Überwintert von Zentral- bis Südafrika.

→ TYPISCH Vom Ansitz aus fangen Neuntöter ihre Beute entweder in der Luft oder schlagen sie wie ein Greifvogel am Boden. Überzählige Insekten und Mäuse werden als Vorrat für knappere Zeiten an Dornen aufgespießt. Gut geschützt in Dornenbüschen wird auch das Nest aus Zweigen, Halmen und Moos gebaut, in dem meist 5-6 Eier ausgebrütet werden.

Pirol

Oriolus oriolus

Länge 22–25 cm
Stimme Kräftiger, melodischer Gesang aus 3–5 klaren Flötentönen. Heisere, leicht ansteigende Rufe (»wääák«).
Nahrung Insekten und besonders deren Raupen, ab dem Sommer viele Früchte und Beeren.
Vorkommen Brütet in hochstämmigen, oft feuchten Laubwäldern, oft in Gewässernähe, gelegentlich in Parks. Überwintert in der Südhälfte Afrikas.

→ TYPISCH Pirole leben überwiegend versteckt und gut getarnt in Baumkronen und machen sich meist nur durch Gesang oder Rufe bemerkbar. Auch das Brutgeschäft spielt sich hoch in Bäumen ab. Nach fünfwöchiger Jungenaufzucht löst sich der Familienverband auf, Alt- und Jungvögel ziehen dann einzeln ins tropische Afrika. Der Name geht auf den Gesang zurück, eine andere lautmalerische Umschreibung ist »Vogel Bülow«.

Tannenhäher

Nucifraga caryocatactes

Länge 32–35 cm
Stimme Schnarrende Rufe, die rauer und schriller klingen als beim Eichelhäher.
Nahrung In erster Linie Haselnüsse, Walnüsse und Samen von Nadelbäumen, Früchte und Beeren, im Sommer auch Insekten.
Vorkommen Jahresvogel in den Nadelwäldern der Alpen und der mitteleuropäischen Mittelgebirge. Außerhalb der Brutzeit mitunter in Siedlungen.

→ TYPISCH Im Spätsommer beginnen Tannenhäher, Nüsse und Zapfen im Boden zu vergraben. Einzelne Vögel legen dabei bis zu 6000 Verstecke mit bis zu 100 000 Samen an. Diese Vorräte dienen bis zur nächsten Reifeperiode als Nahrung, also nicht nur im Winter, sondern auch im folgenden Sommer bei der Jungenaufzucht. Etwa 80% der Samen werden wiedergefunden, die anderen tragen erheblich zur Ausbreitung der entsprechenden Baumarten bei.

Blau-schwarz gemusterte Flügeldecken →

Eichelhäher

Garrulus glandarius

Länge 32–35 cm
Stimme Viele verschiedene Rufe, am häufigsten ein lautes Rätschen. Häufig auch bussardähnlich »hijäh«.
Nahrung Samen und Früchte (besonders Eicheln, Haselnüsse, Bucheckern), aber auch Insekten und gelegentlich Kleinsäuger und Reptilien.
Vorkommen Jahresvogel in Wäldern, Parks und größeren Gärten, besonders im Winter auch im Siedlungsbereich, dort gern an Futterstellen.

→ TYPISCH Als Vorrat für den nahrungsärmeren Winter werden Eicheln und andere Baumfrüchte versteckt. Die Eichelhäher fliegen zum Teil einige Kilometer, um mehrere Eicheln in ihren Kropf zu sammeln. Zurück im Revier graben sie mit Schnabelhieben für jede Eichel ein Loch in die Erde und verscharren sie darin. Aus nicht wiedergefundenen Eicheln wachsen neue Eichen heran.

Im Flug weißlicher Handflügel und weißer Bauch

Elster

Pica pica

Länge 40–51 cm
Stimme Lautes Schackern, oft mehrsilbig.
Nahrung Sehr vielseitig: im Sommer v. a. Insekten, Regenwürmer und andere bodenbewohnende Wirbellose, im Winter zumeist Pflanzensamen, Beeren und Früchte, je nach Angebot auch Aas, Abfälle, Vogeleier und Mäuse.
Vorkommen Jahresvogel in offener Landschaft mit Gehölzen und Hecken, v. a. aber im Siedlungsbereich und in Parkanlagen.

→ TYPISCH Durch die Ausräumung der Landschaft sind Elstern in den letzten Jahrzehnten verstärkt in Städte und Dörfer eingewandert. In Laubbäumen sind dort ihre kugelförmigen Nester aus Reisig gut erkennbar, in Nadelbäumen dagegen besser versteckt. Obwohl Elstern manchmal Jungvögel und Eier anderer Vogelarten rauben, hat dies nachweislich keinen negativen Einfluss auf die Bestandsentwicklung der betroffenen Vögel.

Gesichtsausdruck wird von heller Iris geprägt →

Dohle

Coloeus monedula

Länge 30–34 cm
Stimme Auffällige, bellende »kjack«Rufe.
Nahrung Allesfresser, im Sommer eher Insekten, Würmer und Schnecken, im Winter vermehrt Pflanzensamen, Keimlinge und Beeren, stets auch Abfälle.
Vorkommen Brütet in Städten, Dörfern und Wäldern, Nahrungssuche in der offenen Landschaft. Ganzjährig, im Winter starker Zuflug aus Osteuropa.

→ TYPISCH Dohlen sind Höhlenbrüter, die von Natur aus in Felswänden und in Baumhöhlen nisten. In Altholzbeständen nutzen sie oft verlassene Schwarzspecht-Höhlen, in Siedlungen brüten sie in Höhlungen und Nischen aller Art an Gebäuden, auch in Schornsteinen. Als gesellige Vögel bilden sie oft Brutkolonien, auf Nahrungssuche gehen sie fast immer im Trupp. Im Winter bilden sie gemeinsam mit Saatkrähen große Schwärme.

Voluminöses Nest aus kräftigen Zweigen →

Saatkrähe

Corvus frugilegus

Länge 41–49 cm
Stimme Rufe klingen heiserer und tonloser als bei der Rabenkrähe.
Nahrung Sehr vielseitig, bevorzugt aber Regenwürmer, Insekten, Schnecken, Getreidekörner und Früchte, stets auch organische Abfälle und Aas.
Vorkommen Brutvögel in Feldgehölzen und Siedlungen, Nahrungssuche v. a. in der offenen Landschaft.

→ TYPISCH Saatkrähen brüten in dichten Kolonien hoch in großen Bäumen, oft mitten in Städten und Dörfern. Gesellig sind sie auch bei der Nahrungssuche, wo sie oft gemeinsam mit Dohlen, Rabenkrähen oder Nebelkrähen zu sehen sind. Eindrucksvoll sind die großen winterlichen Schlafplätze in Baumbeständen, die in der Abenddämmerung von bis zu 150 000 Saatkrähen angeflogen werden.

Flügelbasis breit (Saatkrähe schmal), Schwanzende fast gerade (Saatkrähe rund) →

Rabenkrähe

Corvus corone

Länge 44–51 cm
Stimme Ruft laut und rau »krrah«, meist drei- bis viermal wiederholt.
Nahrung Allesfresser, v. a. aber Kleintiere aller Art. Ferner Aas, organische Abfälle, Pflanzensamen und Früchte.
Vorkommen Jahresvogel in der Westhälfte Deutschlands. Bewohnt außer dem dichtem Wald nahezu alle Lebensräume, häufig auch in Siedlungen.

→ **TYPISCH** **Rabenkrähen sind allgegenwärtige Vögel in der offenen Landschaft. Sie brüten entweder auf einzelnen Bäumen und Hochspannungsmasten, in Feldgehölzen oder am Waldrand. Ihre Nester werden später oft von Eulen und Falken bewohnt. Brutvögel sind wenig gesellig, aber außerhalb der Brutzeit bilden Rabenkrähen kleinere Trupps. Als Aasfresser profitieren sie von durch den Verkehr getöteten Tieren am Straßenrand.**

Im Flug grau-schwarz, Brustlatz schwarz →

Nebelkrähe

Corvus cornix

Länge 44–51 cm
Stimme Ruft laut und rau »krrah«, meist in Reihen.
Nahrung Allesfresser mit Bevorzugung verschiedener Kleintiere von Insekten bis hin zu Mäusen. Auch Aas, Abfälle, Pflanzensamen und Früchte.
Vorkommen Jahresvogel in der Osthälfte Deutschlands. Bewohnt alle offeneren Lebensräume, häufig auch in Siedlungen.

→ TYPISCH Raben- und Nebelkrähen wurden bis vor kurzem als zu einer Art (»Aaskrähe«) gehörig betrachtet. Die Nebelkrähe vertritt die Rabenkrähe in Nord-, Ost- und Südosteuropa. In Deutschland überschneiden sich die Verbreitungsgebiete in einem schmalen Bereich, der etwa entlang der Elbe verläuft. Dort gibt es Mischbruten aus Raben- und Nebelkrähen, die Gefiederfärbung des Nachwuchses nimmt mit etwas weniger grauem Gefieder eine Mittelstellung ein.

Im Flug keilförmiger Schwanz →

Kolkrabe

Corvus corax

Länge 54–67 cm
Stimme Ruft meist tief und gurgelnd »grrog«, aber auch viele andere Laute.
Nahrung Kleinsäuger, Reptilien, Insekten und Würmer, vielfach Aas und organische Abfälle, auch Samen von Pflanzen wie Eicheln, Bucheckern und Getreide.
Vorkommen Brütet in Wäldern, Feldgehölzen und Felswänden, auch auf Hochspannungsmasten. Nahrungssuche meist in offener Landschaft. Jahresvogel.

→ **TYPISCH** **Kolkraben können über 20 Jahre alt werden und bleiben ihrem Revier sowie ihrem Partner ihr Leben lang treu. Sie gelten als verspielt, v. a. im Frühjahr vollführen sie akrobatische Flugmanöver mit dichtem Beieinanderfliegen, Verfolgungsjagden, Sturzflügen und sogar Auf-dem-Rücken-Fliegen. Jüngere, noch nicht brütende Kolkraben streifen oft in Trupps umher.**

SPECHTE BIS TAUBEN schneller bestimmen

In dieser Gruppe findest du mit Tauben, Spechten und ähnlichen Arten Vögel, deren Lebensweise derjenigen der Singvögel gleicht.

Sie sind aber meist etwas größer.

Hier werden sie nach Körperform und Verwandtschaft in einige Untergruppen eingeteilt.

AB SEITE 79

Spechte

Kleine bis mittelgroße Vögel, die mit kräftigen Füßen und Stützschwanz an Baumstämmen emporklettern. Kräftiger Schnabel zum Trommeln und Bau von Höhlen.

AB SEITE 85

Andere

Mehrere Arten, die auffällige Form, Färbung und Lebensweisen haben und dadurch bei uns einzigartig sind.

AB SEITE 90

Tauben

Mittelgroße, kleinköpfige Vögel mit kurzen Beinen und kurzem Schnabel, die am Boden Nahrung suchen und viel fliegen.

Große Nestlinge schauen aus der Bruthöhle heraus →

Schwarzspecht

Dryocopus martius

Länge 45–57 cm
Stimme Ruft gereiht »kwi-kwi-kwi-…«, rau »krrü-krrü-krrü« oder klagend »kliööh«. Lauter, 2–3 Sekunden langer Trommelwirbel aus Schnabelhieben.
Nahrung Ameisen (auch Larven und Puppen), Käfer und andere Insekten, auch Spinnen und Schnecken.
Vorkommen Jahresvogel in Nadel-, Misch- und Laubwäldern, brütet dort in Altholzbeständen. Außerhalb der Brutzeit mitunter in Parks und Gärten.

→ TYPISCH Mit dem kräftigen Schnabel zimmert der Schwarzspecht seine bis zu 50 cm tiefe Bruthöhle in dicke Baumstämme. In späteren Jahren nutzen gern andere Höhlenbrüter diese Höhlen, insbesondere Hohltaube und Dohle. Nützlich ist der Schwarzspecht auch für die Forstwirtschaft, da er zur Bekämpfung schädlicher Insekten wie dem Borkenkäfer beiträgt.

Männchen mit rotem Fleck am Hinterkopf

Buntspecht

Dendrocopos major

Länge 23–26 cm
Stimme Ruft scharf »kick« oder gereiht »krrk-krrk-krrk-…«. Trommelt schneller und kürzer als Schwarzspecht.
Nahrung Verschiedene Insekten, Samen von Laub- und Nadelbäumen (Zapfen, Nüsse und Buchecken).
Vorkommen Jahresvogel in Wäldern, Feldgehölzen, Parks und Gärten, besucht im Winter auch Futterstellen.

→ TYPISCH Der kräftige Schnabel wird vielseitig verwendet. Er dient nicht nur zum Bau der Nisthöhle, sondern auch zum Herausarbeiten von Insekten und deren Larven aus dem Holz. Aufgehämmert werden auch Bruthöhlen anderer Singvögel, um an deren Eier und Jungvögel zu gelangen. Zapfen von Nadelbäumen werden in Astgabeln (»Spechtschmieden«) geklemmt, um sie besser bearbeiten zu können.

1 Mittelspecht

Dendrocoptes medius

STECKBRIEF 20–22 cm • Kopfplatte rot, schwarzes Nackenband nicht geschlossen, Bauch gestrichelt, weißer Schulterfleck rundlich • Jahresvogel in Laub- und Mischwäldern, v. a. mit Eichenbeständen; auch in Parks und Gärten • Ruft heiser quäkend »gwäh«, auch kürzere, z. T. gereihte Rufe, trommelt selten.

2 Kleinspecht

Dryobates minor

STECKBRIEF 14–16 cm • Viel kleiner als Buntspecht, Flügel stark gebändert, Rückenmitte weißlich, Kopfplatte bei Männchen rot, bei Weibchen schwarz • Jahresvogel in lichten Laubwäldern, Feldgehölzen, Alleen, Parks und Gärten • Falkenähnliche Rufreihen (»ki-ki-ki-ki-...«), trommelt 2 schnelle Wirbel hintereinander.

Weibchen ohne roten Stirnfleck →

Grauspecht

Picus canus

Länge 25–27 cm
Stimme Traurig anmutende, abfallende und langsamer werdende Rufreihe (z. B. »kü-kü-kü-küh-küüh«). Lange Trommelwirbel.
Nahrung Vorwiegend Ameisen und ihre Puppen, aber auch andere Insekten, Obst und Pflanzensamen.
Vorkommen Jahresvogel, bevorzugt Laub- und Mischwälder, lebt aber auch in Parks, Gärten und Alleen, besucht Futterstellen.

→ TYPISCH Sobald im Februar oder März das Wetter milder wird, sind im Brutgebiet die melancholischen Rufreihen des Männchens zu hören. Mit diesen wird sowohl das Revier abgegrenzt als auch ein Weibchen angelockt. Gemeinsam bauen beide Partner bis zu 3 Wochen lang an der Bruthöhle, in der 7–9 Eier ausgebrütet werden. Nach gut dreiwöchiger Fütterungszeit fliegen die Jungvögel aus.

Männchen mit rotem Bartstreif →

Grünspecht

Picus viridis

Länge 45–51 cm
Stimme Lachende, glucksende, nicht in der Tonhöhe abfallende Rufreihen (»kjü-kjü-kjü-kjü-…«), trommelt selten.
Nahrung Spezialisiert auf Ameisen und ihre Puppen, daneben andere Insekten, Regenwürmer und Schnecken, auch Beeren und Obst.
Vorkommen Jahresvogel in lichten Wäldern, Parks und großen Gärten.

→ TYPISCH Seine Bruthöhle hackt der Grünspecht in morsches Holz. Die Nahrungssuche findet überwiegend am Boden statt. Dort setzt der Grünspecht den Schnabel vielseitig ein, um v. a. an Ameisen zu gelangen: Er gräbt Löcher, entfernt Moos aus Pflasterritzen oder räumt Schnee beiseite. Mit der langen Zunge können auch tief in Spalten und Ritzen verborgene Beutetiere erreicht werden.

Kehle und Brust stark gestreift →

Wendehals

Jynx torquilla

Länge 16–17 cm
Stimme Rufreihe aus 10–15 dünnen, quäkenden Tönen.
Nahrung Ganz überwiegend Insekten, v. a. Ameisen, aber auch Käfer, Blattläuse und kleine Schmetterlinge. Seltener auch Spinnen.
Vorkommen Brütet in Baumhöhlen in kleineren Gehölzen, Parks und Obstgärten; auch am Waldrand. Überwintert in West- und Zentralafrika.

→ TYPISCH Das Borkenmuster seines Gefieders tarnt den zu den Spechten gehörenden Wendehals hervorragend am Baumstamm. Seine Nahrung sucht er aber vorwiegend am Boden. Mit dem Schnabel hackt er Ameisenbauten auf, schiebt seine klebrige Zunge weit hinein und erbeutet dadurch v. a. Larven und Puppen. Der Artname geht auf das bei Gefahr gezeigte Wenden des Halses zurück, mit dem die Drohgebärde einer Schlange imitiert werden soll.

Oberseite einheitlich schwärzlich →

Mauersegler

Apus apus

Länge 17–19 cm
Stimme Charakteristische lange, schrille Flugrufe (»srrrieh«).
Nahrung Ausschließlich kleine fliegende Insekten, v. a. Blattläuse, Hautflügler, Käfer und Fliegen.
Vorkommen Brütet in Gebäuden in Städten und Dörfern, selten auch in Baumhöhlen im Wald. Nahrungssuche im Luftraum über allen Lebensräumen. Überwintert in der Südhälfte Afrikas.

→ TYPISCH Außer zum Bebrüten der Eier halten sich Mauersegler immer in der Luft auf, selbst zum Schlafen und zur Paarung. Laut rufende Trupps, die in reißendem Flug den Himmel bevölkern, gehören im Sommer zum Flair vieler Städte. Die Flughöhe richtet sich nach derjenigen der Beutetiere und damit indirekt nach dem Wetter: bei Wärme recht hoch, bei Kälte und Regen eher dicht über den Dächern oder sogar knapp über Wasserflächen.

Der Kopf wird vom roten Schnabel geprägt →

Halsbandsittich

Psittacula krameri

Länge 37–43 cm
Stimme Ruft laut kreischend »krie-ack«.
Nahrung Ganz überwiegend pflanzlich: Früchte, Samen, Knospen und Blüten.
Vorkommen Jahresvogel in einigen städtischen Regionen Europas, dort v. a. in Parks und baumreichen Gärten sowie auf Friedhöfen. Besucht v. a. im Winter Futterstellen.

→ TYPISCH In verschiedenen Gebieten Europas hat sich der aus Afrika stammende Halsbandsittich als Brutvogel angesiedelt. Er wurde entweder absichtlich ausgesetzt oder konnte aus der Käfighaltung entfliehen. Etabliert hat er sich v. a. in wintermilden Gebieten. Brutpaare ziehen ihren Nachwuchs in Baumhöhlen auf. Außerhalb der Brutzeit sind die Vögel sehr gesellig und versammeln sich allabendlich zu Hunderten oder Tausenden an Schlafplätzen.

Sturzflug ins Wasser zum Fischfang →

Eisvogel

Alcedo atthis

Länge 17–19 cm
Stimme Ruft hoch und durchdringend »tiit«.
Nahrung Größtenteils kleine Fische, aber auch Wasserinsekten, Kaulquappen, kleine Frösche und Krebstierchen.
Vorkommen Brütet an Gewässern mit Steilufern, Nahrungssuche an verschiedensten Still- und Fließgewässern. Teils Jahresvogel, teils Zugvogel mit Überwinterung im Mittelmeerraum.

→ **TYPISCH** **Die »fliegenden Edelsteine« fangen ihre Beutetiere durch Stoßtauchen nach Ansitz von über dem Wasser hängenden Ästen aus. Zum Brüten graben sie eine Röhre in das Erdreich des Steilufers. In strengen Wintern mit länger zugefrorenen Gewässern verhungern viele Eisvögel. Solche Verluste können die überlebenden Vögel durch mehrere Jahresbruten schnell wieder ausgleichen.**

Beim Landen wird die Federhaube gefächert

Wiedehopf

Upupa epops

Länge 25–29 cm
Stimme Ruft hohl und meist dreisilbig »uh-uh-uh«.
Nahrung Spezialisiert auf große Insekten, besonders Grillen, aber auch Käfer und Schmetterlingsraupen, gelegentlich Spinnen, Würmer und Eidechsen.
Vorkommen Brütet in lichten Wäldern, an Waldrändern und in halboffener Kulturlandschaft, gern in Obstgärten. Überwinterung in Afrika.

→ TYPISCH Der Wiedehopf benötigt Lebensräume mit schütterem Bodenbewuchs, um Zugang zu seiner Hauptnahrung, Grillen und Laufkäfern, zu bekommen. Zugleich ist er auf geeignete Nisthöhlen in Bäumen, Felsspalten, Steinhaufen oder Gebäudenischen angewiesen. Wo diese fehlen wird seine Ansiedlung in einigen Regionen durch spezielle künstliche Niströhren gefördert.

Erinnert im Flug an Sperber oder Falken →

Kuckuck

Cuculus canorus

Länge 32–36 cm
Stimme Männchen ruft unverwechselbar »ku-kuck«. Weibchen mit glucksenden, trillernden Rufreihen.
Nahrung V. a. Schmetterlingsraupen (auch große, behaarte) sowie viele andere Insekten wie Käfer, Heuschrecken und Libellen.
Vorkommen Sommervogel in fast allen Lebensräumen. Fehlt nur in Innenstädten und ausgeräumter Ackerlandschaft. Überwinterung südlich der Sahara in Afrika.

→ TYPISCH Kuckucke betreiben keine eigene Brutpflege: Die Weibchen legen ihre Eier einzeln in die Nester viel kleinerer Singvögel. Um sich seiner Konkurrenten zu entledigen, wirft der geschlüpfte Jungkuckuck die Eier oder Jungen der Adoptiveltern aus dem Nest und wird dann allein großgezogen. Häufige Wirtsvögel sind Bachstelze, Teichrohrsänger und Rotkehlchen, erfolgreiche Aufzucht von Kuckucksjungen ist aber bei mindestens 45 Arten nachgewiesen.

Eine von vielen Färbungsvarianten im Flug →

Straßentaube · Felsentaube

Columba livia f. domestica

Länge 29–35 cm
Stimme Tiefes, z. T. raues Gurren in verschiedenen Variationen.
Nahrung Pflanzensamen bis zur Größe von Eicheln, auch Knospen und junge Triebe. In Städten organische Abfälle und verfüttertes Brot.
Vorkommen Bewohnt ganzjährig menschliche Siedlungen von Innenstädten bis zu Einzelhöfen, brüten auch an Brücken u. ä. Bauwerken. Nahrungssuche oft in der Agrarlandschaft.

→ TYPISCH Hervorragende Orientierungsleistungen haben die heute noch in Gebirgsregionen Südeuropas wild lebenden Felsentauben für die Zucht interessant gemacht. Alle heutigen Brieftauben sowie verwilderte Straßentauben stammen von ihnen ab. Inzwischen sind Straßentauben aus dem Bild der meisten europäischen Städte nicht mehr wegzudenken. Zahlreich nisten sie v. a. auf Simsen und in Hohlräumen an Gebäuden.

Im Flug weißes Band auf dem Flügel →

Ringeltaube

Columba palumbus

Länge 38–43 cm
Stimme Fünfsilbiger Gesang »gru-gruh-gru gu-gu« (2. Silbe betont), dumpf. Beim Auffliegen oft klatschendes Flügelgeräusch.
Nahrung Vor allem Samen von Getreidekörnern bis Eicheln, auch grüne Pflanzenteile und Beeren.
Vorkommen Ganzjährig anwesender Brutvogel in Wäldern, Parks und Gärten, selbst auf Einzelbäumen in Innenstädten. Nahrungssuche oft in der offenen Landschaft.

→ TYPISCH Die Ringeltaube ist eine der erfolgreichsten Vogelarten in unserer Kulturlandschaft. Sie findet fast überall Nistmöglichkeiten auf Bäumen oder an Gebäuden. Ganzjährig findet sie Körner in verschiedenen Lebensräumen, häufig z. B. Maiskörner auf abgeernteten Feldern. Dort oft in Trupps von bis zu mehreren Hundert Vögeln. Durchzug skandinavischer Brutvögel sogar in Schwärmen von mehreren Tausend Tauben.

Unterflügel aschgrau →

Turteltaube

Streptopelia turtur

Länge 26–28 cm
Stimme Gesang aus lang gezogenem, mehrfach wiederholtem »gurrrrrrr«.
Nahrung Pflanzensamen, zumeist von Ackerwildkräutern und Nadelbäumen, auch Früchte.
Vorkommen Brütet an Waldrändern und in Feldgehölzen, Nahrungssuche auf offenen Flächen aller Art. Sommervogel, der südlich der Sahara in Afrika überwintert.

→ TYPISCH Die Turteltaube ist nicht nur die kleinste, sondern auch die am verstecktesten lebende Taubenart Europas. Am Brutplatz bleibt sie im Laub der Bäume verborgen, wo sie v. a. durch die charakteristischen Rufe auf sich aufmerksam macht. Auch bei der Suche nach Pflanzensamen am Boden bekommt man sie kaum zu Gesicht. Auffällig sind lediglich die kurzen Balzflüge, die wie bei Ringel- und Türkentaube ein Flügelklatschen beinhalten.

Im Flug auffälliges Schwanzmuster, Unterflügel weißlich →

Türkentaube

Streptopelia decaocto

Länge 31–34 cm
Stimme Singt kräftig und klar dreisilbig »hu-huu-hur« (2. Silbe betont). Beim Starten und Landen heiser »wäääe«.
Nahrung Pflanzensamen, Beeren und Früchte. Im Umfeld des Menschen kleinere Abfälle wie Brotkrümel, in der Umgebung von Stallungen häufig Tierfutter.
Vorkommen Jahresvogel in Städten und Dörfern, auch an Futterstellen. Seltener als andere Tauben in offener Landschaft.

→ TYPISCH Aus dem Südosten kommend, haben sich Türkentauben erst seit den 1950er-Jahren rasant über Mittel- und Nordeuropa ausgebreitet. Gegenwärtig werden sie von der im Bestand stark zunehmenden Ringeltaube wieder zurückgedrängt. Die Brutzeit der Türkentauben erstreckt sich von Februar bis September. Jedes Paar brütet zwei- bis viermal (gelegentlich noch öfter), legt aber bei jeder Brut nur 2 Eier.

EULEN UND GREIFVÖGEL

schneller bestimmen

In dieser Gruppe triffst du auf mittelgroße bis große Vögel, bei denen farblich die Brauntöne überwiegen.

Mit kräftigen Füßen und Schnäbeln sind sie für den Beutefang ausgestattet.

Man sieht diese Vögel beim Ansitz oder während ihrer Jagd im Flug.

AB SEITE 95

Eulen

Meist in der Dämmerung und nachts aktiv; breite, rund endende Flügel. Dicker Kopf, Augen groß, nach vorn gerichtet. Beine befiedert, kräftige Krallen.

AB SEITE 100

Bussardartige

Tagaktive Greifvögel mit breiten, gerundeten Flügeln. Relativ kleiner Kopf mit Hakenschnabel, Augen an den Seiten.

AB SEITE 105

Falken

Schlanke Greifvögel mit spitzen, schmalen Flügeln und langem Schwanz. Wendiger, eleganter Flug. Runder Kopf mit recht kurzem Schnabel.

Auffälliges, herzförmiges Gesicht mit dunklen Augen →

Schleiereule

Tyto alba

Länge 33–39 cm
Stimme Nachts lang gezogenes Kreischen, auch fauchende Rufe.
Nahrung Ausschließlich kleine Säugetiere, darunter v. a. Feldmäuse, aber auch andere Mäuse, Spitzmäuse und Ratten.
Vorkommen Jahresvogel in Dörfern, brütet in Dachböden, Scheunen und Kirchtürmen. Nahrungssuche zumeist in der umliegenden Agrarlandschaft.

→ TYPISCH Die Bestände der Schleiereule können in Abhängigkeit vom Mäuseangebot stark schwanken. Gibt es viele Mäuse, brüten sie bis zu dreimal im Jahr mit Gelegen von bis zu 13 Eiern. Fehlen Mäuse, fällt die Brut mitunter ganz aus. In schneereichen Wintern verhungern viele Schleiereulen, weil ihre Beute unter dem Schnee nicht erreichbar ist. Leider werden Schleiereulen immer wieder Opfer des Straßenverkehrs.

Natürliche Bruthöhle
in altem Baum

Steinkauz

Athene noctua

Länge 23–27 cm
Stimme Männchen singt kräftig »uuuh«, meist in lockerer Reihe. Rufe scharf und leicht abfallend »kwiau«.
Nahrung Kleine Säugetiere und Vögel, Reptilien, Amphibien, Regenwürmer, Insekten.
Vorkommen Jahresvogel in reich strukturierter, offener Landschaft mit viel Wiesen und Weiden, gern in Streuobstwiesen.

→ TYPISCH Brütet in Mitteleuropa meist in Höhlungen von Kopfweiden und Obstbäumen, wenn es daran fehlt, auch in Nischen an Gebäuden. Vielerorts wird der Bestand durch die Anbringung von speziellen, vor Mardern geschützten Nistkästen gefördert. Steinkäuze sind tag- und nachtaktiv. Gern nutzen sie Zaunpfähle zur Ansitzjagd. Die Nahrungssuche erfolgt aber auch hüpfend am Boden.

Ästlinge haben die zu eng gewordenen Bruthöhle verlassen →

Waldkauz

Strix aluco

Länge 37–42 cm
Stimme Männchen nachts mit langen, heulenden Rufreihen. Weibchen ruft kurz und scharf »kuitt«.
Nahrung In erster Linie kleine Säugetiere bis zur Größe von Ratte und Eichhörnchen. Auch Vögel bis Krähengröße und Frösche, seltener Insekten und Regenwürmer.
Vorkommen Jahresvogel in Altholzbeständen von Laub- und Mischwäldern, Parks und Gärten mit alten Bäumen. Nächtliche Jagd auch in offenem Gelände.

→ TYPISCH Waldkäuze führen eine jahrelange Dauerehe. Sie brüten in großen Baumhöhlen, manchmal auch in großen Nistkästen. Die Jungvögel sitzen ab einem Alter von 4 Wochen als »Ästlinge« frei in Bäumen oder am Boden und sind erst mit 7 Wochen voll flugfähig. Erst mit 3 Monaten lösen sich die Jungvögel von den Eltern und verlassen deren Territorium.

Jungvogel, teilweise noch im Dunenkleid →

Uhu

Bubo bubo

Länge 59–73 cm
Stimme Ruft nachts mit hohler Stimme seinen Namen (»U-hu«, Betonung auf der 1. Silbe).
Nahrung Sehr vielseitig. Säugetiere bis zur Größe von Feldhase und Rehkitz, am häufigsten aber Mäuse. Verschiedene Vogelarten bis zur Größe eines Graureihers, ferner Amphibien, Fische, große Insekten und Regenwürmer.
Vorkommen Jahresvogel in Wäldern und Gebirgen, lebt aber auch in Innenstädten.

→ TYPISCH War die größte europäische Eule durch intensive Verfolgung im 20. Jahrhundert schon fast ausgestorben, haben Schutzmaßnahmen zu einer deutlichen Zunahme und weiten Verbreitung geführt. Als Felsbrüter nisten Uhus auch in Steinbrüchen und an großen Gebäuden (oft an Kirchen), häufig werden aber auch alte Greifvogelnester zur Aufzucht der Jungen benutzt.

Auch im Flug fällt das große Gesicht auf →

Waldohreule

Asio otus

Länge 31–37 cm
Stimme Männchen singt gereiht dumpfe »huh«-Laute. Jungvögel mit durchdringenden, fiependen Rufen. Beim Balzflug Klatschen durch unter dem Körper zusammengeschlagene Flügel.
Nahrung Ganz überwiegend Feldmäuse, aber auch andere kleine Säugetiere, kleine Vögel und Käfer.
Vorkommen Bewohnt Wälder und Gehölze unterschiedlicher Größe, brütet auch in Gärten.

→ TYPISCH Im Winter sammeln sich Waldohreulen an Tagesschlafplätzen, meist in Nadelbäumen und häufig im Bereich menschlicher Siedlungen. Unter den Schlafbäumen findet man ausgewürgte »Gewölle« mit unverdaulichen Nahrungsbestandteilen, meist Haare und Knochen von Mäusen. Zum Brüten bauen Waldohreulen keine eigenen Nester, sondern benutzen verlassene Nester von Krähen und Greifvögeln.

Kopf relativ hell, Auge hell →

Schwarzmilan

Milvus migrans

Länge 55–60 cm
Stimme Lange Pfiffe, die trillernd enden. Am Nest auch Duett von Männchen und Weibchen.
Nahrung Fische, Vögel und Säugetiere, oft in Form von Aas. Kleine und verletzte Tiere werden selbst gefangen. Auch organische Abfälle.
Vorkommen Lebt v. a. in abwechslungsreicher Landschaft und Gewässernähe. Sommervogel, überwintert südlich der Sahara.

→ TYPISCH Der Schwarzmilan ist der am weitesten verbreitete Greifvogel. Neben Europa besiedelt er auch Afrika, Asien und Australien. Wie der ähnliche Rotmilan ernährt er sich hauptsächlich von Aas, gelangt bei seinen Nahrungsflügen aber seltener als dieser in Ortschaften bzw. an deren Rand. Oft sucht er Straßenränder nach überfahrenen Tieren und Flüsse nach tot an der Wasseroberfläche treibenden Fischen ab.

Oberseits ist der Schwanz kräftig rostbraun gefärbt →

Rotmilan

Milvus milvus

Länge 60–66 cm
Stimme Auf- und absteigendes, wieherndes Pfeifen (»wiuuu wiu-wiu-wiu«).
Nahrung Überwiegend Aas. Säugetiere bis Hamstergröße und Vögel bis Hühnergröße schlägt er selbst. Sammelt auch Regenwürmer und organische Abfälle auf.
Vorkommen Brutvogel der waldreichen Ackerlandschaft, oft in der Nähe von Gewässern. Überwintert zumeist in Südeuropa, einige Vögel bleiben in Mitteleuropa.

→ TYPISCH Rotmilane fliegen meist in Baumwipfelhöhe über das offene Land und suchen Felder und Wiesen nach Nahrung ab. Sie patroullieren auch an Straßen, um überfahrene Tiere aufzusammeln. An günstigen Nahrungsflächen wie frisch gemähten Wiesen kommt es zu kleinen Ansammlungen. Im Winterhalbjahr finden sich Rotmilane z. T. zu Schlafplatzgesellschaften zusammen.

Habicht

Accipiter gentilis

Länge 49–64 cm
Stimme Am Nest bussardähnliche Rufe. Bei Gefahr lange Reihen kurzer Laute (»gik-gik-gik-…«).
Nahrung Vorzugsweise kleine und mittelgroße Vögel, gern Tauben, Eichelhäher und Drosseln. Mitunter auch Säugetiere von Maus- bis Hasengröße.
Vorkommen Jahresvogel in Wäldern und innerstädtischen Grünanlagen. Jagt bevorzugt im Waldrandbereich, aber auch in offenerem Gelände.

→ TYPISCH In wendigem Verfolgungsflug jagen Habichte Vögel. Die kleineren Männchen ernähren sich v. a. von taubengroßen Vögeln, die größeren Weibchen fangen bis hühnergroße Vögel. Obwohl die Liste der Beutevogelarten lang ist, sind negative Einflüsse auf die Bestandsgrößen dieser Arten wissenschaftlich nicht nachweisbar.

Männchen unten orange, oben grau, Schwanz eckig →

Sperber

Accipiter nisus

Länge 29–41 cm
Stimme Lange Rufreihen, auch im Duett (»gi-gi-gi-gi-…«), bei Gefahr schneller.
Nahrung Fast ausschließlich Kleinvögel wie Sperlinge, Finken, Meisen und Stare. In geringem Umfang auch kleine Säugetiere und große Insekten.
Vorkommen Brütet in Nadel- und Mischwälder oder kleinen Gehölzen. Jagt gern in offenem Gelände, häufig auch im städtischen Bereich samt Gärten.

→ TYPISCH Ähnlich wie Habichte fangen Sperber ihre Beute – meist Singvögel – im Jagdflug. Dabei setzen sie besonders auf Überraschungsangriffe um Büsche, Hecken oder Hausecken herum. Warnrufe von Singvögeln (z. B. von Bachstelzen) machen auf die Annäherung eines Sperbers aufmerksam. Im Winter können Sperber auch an Futterstellen im Garten Beute machen.

Schwanzende rund, breite Flügel →

Mäusebussard

Buteo buteo

Länge 46–58 cm
Stimme Weit hörbarer Ruf (»kiääh«).
Nahrung Kleine Säugetiere, v. a. Mäuse, aber auch Hamster, Maulwurf, Kaninchen und kleine Feldhasen. Daneben auch Jungvögel und Frösche sowie Aas.
Vorkommen Jahresvogel mit Brut in Wäldern, Feldgehölzen und mitunter auf Einzelbäumen. Nahrungssuche in offenem Gelände, bevorzugt mit Ansitzmöglichkeiten (auch direkt neben Straßen).

→ TYPISCH Kaum eine Vogelart ist in der Gefiederfärbung so variabel wie der Mäusebussard. Von einfarbig schwarzbraun bis fast weiß kommen die verschiedensten Varianten vor. Variabel ist die häufigste Greifvogelart Europas auch hinsichtlich der Nahrungssuche mit Sturzflug nach Kreisen in großer Höhe, Rüttelflug, Ansitz auf Ästen oder Zaunpfählen und Bodenjagd zu Fuß.

Rüttelflug, Flügel schmal und spitz →

Turmfalke

Falco tinnunculus

Länge 31–37 cm
Stimme Ruft durchdringend »ki-ki-ki-ki-...«
Nahrung Vorwiegend Mäuse, aber auch kleine Vögel, Reptilien und Insekten.
Vorkommen Jahresvogel in den unterschiedlichsten Ausprägungen unserer Kulturlandschaft, von offenem Gelände bis zu Innenstädten. Fehlt nur in größeren Waldgebieten.

→ TYPISCH Turmfalken sind ursprünglich Felsbrüter, legen aber bei der Nistplatzwahl eine große Vielfalt an den Tag. Sie brüten in Fels- und Gebäudenischen, besonders gern werden Kirchtürme besiedelt. In der offenen Landschaft benutzen sie alte Krähennester in Bäumen oder auf Hochspannungsmasten. Eine Besonderheit ist der Rüttelflug, bei dem der Turmfalke mit gefächertem Schwanz und schnellem Flügelschlag in der Luft »steht«, um nach Beute Ausschau zu halten.

Flügel breiter und Schwanz kürzer als bei Turm- und Baumfalke →

Wanderfalke

Falco peregrinus

Länge 38–51 cm
Stimme Rufreihen (»grä-grä-grä-grä-…«) rauer als beim Turmfalken.
Nahrung Vögel in der Größe von Finken bis zu Krähen. Schwerpunkte je nach Lebensraum sehr unterschiedlich, besonders häufig aber Tauben, Stare, Watvögel und Möwen.
Vorkommen Jahresvogel, brütet an Felswänden und hohen Gebäuden sowie in Wäldern. Jagt in offener Landschaft und an Gewässern.

→ TYPISCH Nach starkem Rückgang durch Pestizide und Aushorstungen für die Falknerei haben sich die mitteleuropäischen Bestände der Wanderfalken wieder gut erholt. Mittlerweile hat die Art viele Städte besiedelt und brütet dort oft an Kirchtürmen. Wenn der Wanderfalke mit angewinkelten Flügeln im Sturzflug auf seine Beute stößt, ist er der schnellste Vogel weltweit.

Im Flug schlank und schmalflügelig →

Baumfalke

Falco subbuteo

Länge 29–35 cm
Stimme Rufreihen ähnlich Turmfalke, auch im Duett der Brutpartner.
Nahrung Vögel (besonders Schwalben, Mauersegler, Sperlinge) und große Fluginsekten (v. a. Libellen und Schmetterlinge), mitunter Fledermäuse.
Vorkommen Brütet in offener Landschaft und jagt oft in der Nähe von Gewässern, aber auch über Dörfern. Überwintert in Afrika südlich der Sahara.

→ **TYPISCH** **Baumfalken sind vorzügliche, elegante Flieger, die im Flug so wendige Beutetiere wie Schwalben, Mauersegler und Libellen ergreifen können. Letztere werden sogar während des Flugs verzehrt. Zum Brüten werden alte Krähennester in Bäumen oder auf Masten benutzt. Nach längeren Schlechtwetterperioden kann es aufgrund von Nahrungsknappheit zu Brutverlusten kommen.**

HÜHNER- UND SCHREITVÖGEL
schneller bestimmen

In dieser Gruppe werden Vögel behandelt, die am Boden leben und meist zu Fuß unterwegs sind.

Man unterscheidet die kleineren Hühnervögel und die größeren Schreitvögel.

Hühnervögel bleiben oft in der Vegetation versteckt, während Schreitvögel auf der Suche nach Beute durch Wiesen, Felder und flache Gewässer schreiten.

AB SEITE 109

Hühnervögel

Eher kurzbeinige Vögel, die mit den Beinen schnell unterwegs sind, aber schwerfällig und mit lauten Flügelschlaggeräuschen fliegen. Oft fallen sie durch laute, weit hörbare Rufe auf.

AB SEITE 112

Schreitvögel

Auffällig am Boden, aber durch ihre Körpergröße eindrucksvoll auch im Flug. Wichtig sind dabei im Vergleich zu Greifvögeln die weit über den Schwanz hinausragenden Beine und der lange Hals (bei Reihern aber meist S-förmig eingezogen).

Weibchen tarnfarben braun, ebenfalls sehr langschwänzig

Fasan

Phasianus colchicus

Länge 55–90 cm (davon 20–45 cm Schwanz)
Stimme Männchen ruft laut »gröö-göck«, gefolgt von lautstarkem Flügelschütteln.
Nahrung Pflanzensamen und Beeren, auch grüne Pflanzenteile, ferner Insekten, Schnecken und Regenwürmer.
Vorkommen Jahresvogel in der offenen Agrarlandschaft mit Hecken, Feldgehölzen oder Schilfbeständen.

TYPISCH **Seit über 1000 Jahren wird der aus Asien stammende Fasan in Europa zu Jagdzwecken ausgesetzt. Auch heute noch gehen fast alle mitteleuropäischen Fasane auf fortlaufende Auswilderungen zurück. Männchen sind meist mit mehreren Weibchen liiert, von denen jedes bis zu 12 Küken erbrütet. Die Nestflüchter können bereits im Alter von 10 Tagen einige Meter fliegen, werden dann aber noch weitere 10 Wochen vom Weibchen betreut.**

Männchen mit schwarzbraunem Brustfleck (beim Weibchen kleiner) →

Rebhuhn

Perdix perdix

Länge 28–32 cm
Stimme Revierruf des Männchens rau »kirrräck« (auf der 2. Silbe betont).
Nahrung Zu einem großen Teil Samen von Ackerwildkräutern, aber auch Getreidekörner und grüne Pflanzenteile. Im Sommer auch Insekten.
Vorkommen Jahresvogel in Ackerlandschaft, Brachflächen und Heide, v. a. mit Büschen und Hecken als Deckung.

→ **TYPISCH** **Durch die Intensivierung der Agrarlandschaft ist das Rebhuhn vielerorts sehr selten geworden oder bereits verschwunden. Mit verschiedenen Schutzmaßnahmen wird versucht, die Art zu retten. Als sehr effektiv haben sich dabei breite Blühstreifen an Ackerrändern erwiesen. Wichtig sind auch der Erhalt oder die Neuanpflanzung von Hecken, die bei Gefahr Deckung bieten.**

Nur selten sind rufende Wachteln so frei zu sehen →

Wachtel

Coturnix coturnix

Länge 16–18 cm
Stimme Männchen ruft laut und rhythmisch dreisilbig »pick-we-rick«, das Weibchen antwortet leise »gru-gru«.
Nahrung Meist Samen von Ackerwildkräutern und Getreidekörner, v. a. im Sommer auch Insekten.
Vorkommen Bewohnt offenes Gelände mit Deckung gebender Krautschicht, bevorzugt Getreidefelder und Brachflächen. Überwintert in Afrika.

→ TYPISCH Wachteln sind die kleinsten europäischen Hühnervögel und leben recht versteckt in Feldern, daher sind sie selten zu sehen. Um so auffälliger ist der weit reichende Revierruf der Männchen, der von Mai bis Juli in der offenen Landschaft erklingt und der Revierabgrenzung dient. Gelegentlich ist der Ruf nachts zu hören, auch über Ortschaften. Dabei handelt es sich meist um durchziehende Vögel.

Im Flug wird der Hals gestreckt,
Flügel schwarz-weiß

Weißstorch

Ciconia ciconia

Länge 95–110 cm
Stimme Bei der Partnerbegrüßung langes Schnabelklappern, sonst allenfalls leise zischende Rufe.
Nahrung In erster Linie Mäuse und große Insekten wie Heuschrecken, aber auch Frösche, Regenwürmer und Aas.
Vorkommen Brütet meist in Dörfern und einzelnen Gehöften, Nahrungssuche auf Feldern und Wiesen. Überwintert teils in Spanien und Nordwestafrika, teils in Ost- und Südafrika.

→ TYPISCH Mit seinen Nestern auf Dächern oder Pfählen prägt der Weißstorch das Bild vieler Dörfer. Dazu gehört das Schnabelklappern, das der Paarbindung dient, aber auch zu hören ist, wenn »fremde« Störche sich dem Nest nähern. Bei der Nahrungssuche folgen Störche gern dem Pflug oder dem Mähbalken, weil dort die Beutetiere leicht erreichbar sind. Oft kommt es in solchen Situationen zu größeren Ansammlungen.

Im Flug Hals eingezogen, Beine weit nach hinten ragend →

Silberreiher

Ardea alba

Länge 80–104 cm
Stimme Ruft beim Auffliegen tief und heiser »krrrk«.
Nahrung Auf Feldern und Wiesen meist Mäuse, jedoch auch Amphibien, Reptilien und Insekten. An Gewässern v. a. Fische, zusätzlich Frösche und Insekten
Vorkommen Ganzjähriger Gastvogel in der offenen Landschaft und an Gewässern aller Art, selbst an Gräben inmitten von Ortschaften.

→ TYPISCH **In den letzten 20 Jahren haben sich Silberreiher rasant über ganz Europa ausgebreitet. Mit ihrem leuchtend weißen Gefieder fallen sie heute überall in der offenen Landschaft auf, Ansammlungen sind oft größer als die der Graureiher. In Mitteleuropa handelt es sich ganz überwiegend um aus West- und Osteuropa stammende Gastvögel, als Brutvogel sind sie aber noch sehr selten.**

Fliegt mit eingezogenem Hals, Beine ragen über Schwanz hinaus →

Graureiher

Ardea cinerea

Länge 84–102 cm
Stimme Ruft heiser und lang gezogen »rrrräck«, am Brutplatz auch tiefe gackernde und gurgelnde Laute.
Nahrung An Land in erster Linie Mäuse, Amphibien und Insekten, im Wasser v. a. Fische, aber auch Amphibien.
Vorkommen Koloniebrüter in Bäumen von kleineren Gehölzen oder Auwäldern, seltener im Schilf. Nahrungssuche ganzjährig auf Feldern, Wiesen und an Gewässern.

→ TYPISCH Graureiher brüten in Kolonien, von denen aus sie bis zu 40 km entfernte Nahrungsgebiete anfliegen. Zu erkennen sind sie im Flug stets an ihrem S-förmig eingezogenen Hals, den sehr breiten Flügeln und den über den Schwanz hinausragenden Beinen. Bei der Jagd nach Kleintieren und Fischen bewegen sie sich sehr langsam, stoßen aber nach dem Entdecken eines Beutetiers blitzschnell mit dem dolchartigen Schnabel zu.

Fliegt mit gestrecktem Hals, lange Beine →

Kranich

Grus grus

Länge 96–119 cm
Stimme Am Brutplatz lautes Trompeten. Im Flug weit hörbar »krrrü«, Jungvögel mit fiependen Rufen.
Nahrung Größere Pflanzensamen, auf Feldern gern Mais- und Getreidekörner, auch Kartoffeln, Insekten, Regenwürmer und Mäuse.
Vorkommen Zur Brutzeit in Sumpfgebieten und Bruchwäldern, sonst auf Wiesen und abgeernteten Getreidefeldern. Überwintert von Mittel- bis Südeuropa, v. a. aber in Nord- und Ostafrika.

TYPISCH Zur Brutzeit verrät sich der Kranich v. a. durch seine laut trompetenden Balzrufe. Auf dem Zug und im Winter ist er ein auffälliger Schwarmvogel – bei der Nahrungssuche auf Feldern und Wiesen und durch gewaltige Ansammlungen an Schlafplätzen. Die lange Zeit stark gefährdete Art hat sich durch Schutzmaßnahmen gut erholt und ist nun in vielen Gegenden allgegenwärtig.

WASSER- UND WATVÖGEL

schneller bestimmen

In dieser Gruppe findest du Vögel, die sich meist am oder auf dem Wasser aufhalten.

Häufig schwimmen sie, sind aber auch an Land und am Ufer auf Nahrungssuche.

Oft bilden diese Vögel größere Ansammlungen und Schwärme.

AB SEITE 118

Kormoran

Großer schwarzer Tauchvogel mit kräftigem Schnabel. Sitzt oft mit zum Trocknen ausgebreiteten Flügeln am Ufer.

AB SEITE 119

Entenvögel

Eher plumpe Wasservögel mit relativ kurzen Beinen, Schwimmhäuten zwischen den Zehen und kräftigem Schnabel. Enten mit kurzem Hals und unterschiedlicher Färbung der Geschlechter, Gänse und Schwäne mit langem Hals und gleichgefärbten Geschlechtern.

AB SEITE 124

Rallen

Taubengroße, relativ langbeinige Vögel, die geschickt im Schilf klettern können. Da sie keine voll ausgebildeten Schwimmhäute haben, bewegen sie sich im Wasser ruckartig vorwärts.

AB SEITE 125

Watvögel

Lange Beine und lange Schnäbel erlauben Waten im Flachwasser und tiefes Stochern im Schlamm. Arten mit kürzeren Schnäbeln picken Nahrung von der Oberfläche. Oft in großen Schwärmen.

AB SEITE 128

Möwen

Überwiegend weiße Vögel mit kurzem Schnabel und Schwimmhäuten zwischen den Zehen. Oft in Schwärmen bei der Nahrungssuche, sowohl auf Wiesen und Feldern als auch in Gewässern verschiedener Art.

Prachtkleid mit weißem Schenkelfleck →

Kormoran

Phalacrocorax carbo

Länge 77–94 cm
Stimme An Brut- und Schlafplätzen lautes Gackern in tiefer Tonlage.
Nahrung Fische, vorzugsweise 10–20 cm lang.
Vorkommen Häufig an Meeresküsten und größeren Binnengewässern, aber auch in Parkgewässern und sogar auf Kanälen und Flüssen im Siedlungsbereich, meist Jahresvogel. Brütet auf Bäumen an Gewässern.

→ TYPISCH Kormorane erbeuten Fische im Tauchen, oft treiben sie dabei in großen Gruppen Fischschwärme vor sich her. Weil sie ihr Gefieder nicht wie andere Wasservögel mit Bürzelfett imprägnieren können, trocknen sie sich nach dem Tauchen in typischer Haltung mit ausgebreiteten Flügeln, z. B. auf Bäumen oder Sandbänken. Auf dem abendlichen Weg zu den Schlafplätzen und auf dem Zug fliegen sie oft in gänseartigen Formationen.

Weibchen braun mit orangefarbenem Schnabel

Stockente

Anas platyrhynchos

Länge 50–60 cm
Stimme Verschiedene quakende und pfeifende Laute.
Nahrung Sehr vielseitig: Blätter Samen und Wurzeln von Land- und Wasserpflanzen, Insekten, kleine Krebse, Laich und Kaulquappen von Amphibien, an Fütterungen auch Brot.
Vorkommen Brut- und Gastvogel an Gewässern aller Art, auch in fast allen Parkanlagen. Besucht auch Gartenteiche.

→ TYPISCH Die Stockente ist die Stammform unserer Hausenten. An Parkgewässern sind Nachkommen aus Mischbruten mit Hausenten zu sehen, erkennbar an weißen Gefiederpartien. Dort lassen sich Stockenten leicht füttern, doch sollte die Futtermenge knapp bleiben, da überschüssiges Futter zur Überdüngung des Gewässers führt und damit letztlich den Vögeln schadet. Die Weibchen brüten in Nestern, die gut unter Pflanzen versteckt sind, meist am Boden, aber auch auf Kopfweiden.

1 Reiherente

Aythya fuligula

STECKBRIEF 40–47 cm • Männchen schwarz-weiß, schwarzer Schopf; Weibchen braun, Schopf nur angedeutet; Körperende abgerundet • Brütet unauffällig an unterschiedlichen Gewässern, im Winterhalbjahr in Trupps oder größeren Ansammlungen auf Seen, Teichen und Flüssen • Taucht nach Muscheln.

2 Mandarinente

Aix galericulata

STECKBRIEF 41–51 cm • Männchen überwiegend orange, mit Schopf und »Segel«; Weibchen grau-braun, mit angedeutetem Schopf • Aus Ostasien stammend, in Europa vielerorts eingebürgert • Jahresvogel an baumbestandenen Binnengewässern, häufig in Parks • Brütet in Baumhöhlen.

Schnabelhöcker beim Männchen größer →

Höckerschwan

Cygnus olor

Länge 140–160 cm
Stimme Nasales »uink«, gegenüber Feinden auch fauchendes »kchrr«, im Flug pfeifendes Flügelschlaggeräusch.
Nahrung Alle mit dem langen Hals erreichbaren Wasserpflanzen, an Land Gras sowie im Winter auf Feldern Raps und Wintergetreide.
Vorkommen Ganzjährig auf fast allen stehenden und fließenden Gewässern, v. a. im Winter auch auf Feldern und Wiesen.

→ **TYPISCH Höckerschwänen begegnen wir häufig an Parkgewässern, wo sie zutraulich sind und sich füttern lassen. An ihren großen, meist aus Schilfhalmen gebauten Nesthügeln sind sie jedoch sehr aggressiv. Sie verteidigen ihren Brutplatz bzw. später den Nachwuchs nicht nur gegen in ihr Revier eindringende Artgenossen, sondern auch gegen andere Wasservögel und sogar gegen Menschen recht heftig.**

Im Flug kompakte Gestalt, Hals lang ausgestreckt →

Graugans

Anser anser

Länge 74–84 cm
Stimme Ruft meist dreisilbig und etwas rau »ang-ang-ang«.
Nahrung Grüne Teile und Wurzeln von Land- und Wasserpflanzen, v. a. Gras. Auf abgeernteten Feldern auch Getreidekörner.
Vorkommen Jahresvogel, der in der Nähe (aber nicht immer unmittelbar) an Gewässern aller Art brütet, auch in Parkanlagen. Nahrungssuche zumeist auf Feldern und Wiesen.

→ TYPISCH An unseren Gewässern gehören Graugänse zu den frühesten Brutvögeln. Bereits im April sind Paare mit ihren Küken zu sehen. Oft tun sich mehrere Paare mit ihrem Nachwuchs zu großen Verbänden zusammen. Mancherorts sind Graugänse zu regelrechten Stadtvögeln geworden – mitunter an kuriosen Brutplätzen wie Dachterrassen und Balkonen. Die Küken springen nach dem Schlüpfen einfach in die Tiefe und werden von den Eltern zum nächsten Gewässer geleitet.

Im Flug schlanker als Graugans, langer schwarzer Hals →

Kanadagans

Branta canadensis

Länge 90–100 cm
Stimme Ruft laut trompetend »a-honk«.
Nahrung Grüne Teile und Wurzeln von Land- und Wasserpflanzen, auch Algen und Pflanzensamen.
Vorkommen Ganzjährig anwesend. Brütet an stehenden Gewässern unterschiedlicher Größe, häufig in Parks. Nahrungssuche auch auf Feldern und Wiesen sowie in Grünanlagen.

→ TYPISCH Schon vor 300 Jahren wurden erste Kanadagänse aus ihrer nordamerikanischen Heimat nach England gebracht und dort eingebürgert. Im 20. Jahrhundert folgten Aussetzungen u. a. in Schweden und Deutschland. Inzwischen ist die Art fest etabliert und brütet oft an denselben Gewässern wie die Graugans. An der Aufzucht der meist 5–6 Küken beteiligen sich Männchen und Weibchen gleichermaßen.

❶ Teichhuhn

Gallinula chloropus

STECKBRIEF 27–31 cm • Dunkler Körper mit weißer Seitenlinie und weißem Unterschwanz, roter Schnabel, grüne Beine mit langen Zehen • Lebt ganzjährig im Uferbereich von kleineren Gewässern, oft auf Grasflächen in Parks • Ruft laut gurgelnd »gurrrk« • Schwimmt mit ruckartigen Bewegungen.

❷ Blässhuhn

Fulica atra

STECKBRIEF 36–42 cm • Gefieder gräulich schwarz, Schnabel und Stirnschild weiß, lappig verbreiterte Zehen • Ganzjährig an Gewässern aller Art, im Winter in großen Trupps • Ruft laut »tück« oder »trück« • Taucht viel nach Muscheln und Wasserpflanzen, sucht aber auch an Land nach Nahrung.

Auffällig schwarz-weiße Flügel

Austernfischer

Haematopus ostralegus

Länge 39–44 cm
Stimme Sehr ruffreudig. Balzrufe »kiwick-kiwick-kiwick« (in Triller endend), im Flug langgezogener »kiwiep«.
Nahrung Regenwürmer und Insekten, an der Küste Muscheln, Schnecken, kleine Krebse und Wattwürmer.
Vorkommen Küstenvogel, der entlang der Flüsse auch weit landeinwärts verbreitet ist. Nahrungssuche im Watt und am Strand sowie auf Feldern und Wiesen.

→ TYPISCH Mit seinen lauten Rufen ist der Austernfischer ein sehr auffälliger Vogel. In Teilen seines Verbreitungsgebiets wird man dadurch selbst in Städten und Industriegebieten auf ihn aufmerksam. Als Ersatz für den Strand nutzt er dort häufig Flachdächer als Brutplatz. Diese haben den Vorteil, dass sie zumindest für am Boden lebende Eierräuber wie den Fuchs nicht erreichbar sind.

sehr breite Flügel, im Frühjahr akrobatische Balzflüge

Kiebitz

Vanellus vanellus

Länge 28–31 cm
Stimme Bei der Balz explosives »tjuuu-witt-witt«. Andere Rufe heiser »kwiiieh« oder nasal »gwä-riih«.
Nahrung Hauptsächlich Insekten (Heuschrecken, Käfer, verschiedene Larven) und Regenwürmer, gelegentlich auch Pflanzensamen.
Vorkommen Bewohnt Wiesen und Äcker, lebt aber auch an Gewässern. Überwinterung größtenteils in West- und Südwesteuropa.

TYPISCH In Mitteleuropa ist der Brutbestand des Kiebitzes stark zurückgegangen, da er wegen der Intensivierung der Landwirtschaft und des häufigen Ausraubens der Gelege durch Füchse und andere Raubsäugetiere kaum noch Nachwuchs aufziehen kann. Die großen Schwärme, die zur Zugzeit v. a. auf abgeernteten Feldern zu sehen sind, stammen meist aus anderen Teilen Europas.

Kopfzeichnung des Jungvogels kontrastarm bräunlich →

Flussregenpfeifer

Charadrius dubius

Länge 16–18 cm
Stimme Ruft abfallend »piu«, oft Rufreihen wie »ti-ti-ti-ti-ti« oder beim Balzflug heiser »griä-griä-griä«.
Nahrung Insekten, Spinnen, an Gewässern auch kleine Krebse, Schnecken und Würmer.
Vorkommen Brütet auf Kiesbänken und Schlammflächen von Flüssen, an Kiesgruben und anderen künstlichen Gewässern. Überwintert in Afrika.

→ TYPISCH Die 4 Eier werden zwischen Kieselsteine in eine kleine Mulde gelegt und sind extrem gut getarnt. Als Ersatz für Schotterflächen an natürlichen Gewässern und Baggerseen benutzen Flussregenpfeifer mitunter mit Kies bedeckte Flachdächer. Von dort werden Nahrungsflüge gestartet, die in bis zu 5 km Entfernung führen. Im Brustgefieder kann auch Wasser transportiert werden.

1 Sturmmöwe

Larus canus

STECKBRIEF 40–56 cm • Mittelgroß, Beine und Schnabel grünlich gelb, Auge dunkel • Brütet an Gewässern und in Städten auf Dächern; Nahrungssuche auf Felder und Wiesen • Ruft leicht nasal »kiää« • Frisst verschiedenste Kleintiere, an Land v. a. Regenwürmer.

2 Silbermöwe

Larus argentatus

STECKBRIEF 54–60 cm • Große Möwe, Beine fleischfarben, Schnabel gelb mit rotem Fleck, Auge gelblich • Brutvogel an Gewässern, in Städten auf Dächern • Verschiedene bellende, miauende, wiehernde und jauchzende Rufe, auch gereiht • Großes Repertoire an Beutetieren, auch Abfälle.

Herbst/Winter: Kopf weiß mit dunklem Ohrfleck →

Lachmöwe

Chroicocephalus ridibundus

Länge 35–39 cm
Stimme Ruft rau langgezogen »krrrääääh«, auch kurz »kek-kek«.
Nahrung Im Wasser v. a. Würmer, kleine Krebse und kleine Fische, an Land Regenwürmer und Insekten, jagt auch fliegende Insekten.
Vorkommen Brut- und Gastvogel an vielen binnenländischen Gewässern und an den Küsten, häufig auch in Parkanlagen.

→ TYPISCH Lachmöwen brüten in großen Kolonien, meist auf Inseln. In Parks sind sie zutraulich und lassen sich gern füttern. Auch andere Gelegenheiten für eine gute Ernährung lassen Lachmöwen nicht aus. Sie folgen dem Pflug, um aus dem frisch umgebrochenen Acker Würmer und andere Bodentiere zu sammeln. An der Küste fliegen sie hinter Fischkuttern und erhaschen den über Bord gehenden Beifang.

Register

Bildnachweis

Alle Fotos von **Mathias Schäf** (189), außer: **Volker Dierschke** (1): 13; **Frank Hecker** (20): 7 beide, 8, 9 beide, 11 beide, 12, 27 beide, 37 groß, 40 groß, 44l, 49 klein, 95 klein, 98 klein, 107 groß, 111 groß, 125 groß, 128r; **Arto Juvonen** (1): 82 groß; **Leander Khil** (1): 18 klein; **Tomi Muukkonen** (6): 46l, 55 groß, 81r, 97 beide, 99 groß; **Jari Peltomäki** (3): 54r, 64r, 69 groß; **Torsten Pröhl/fokus-natur.de** (1): 103 groß; **Rosl Rößner** (1): 106 groß; **Markus Varesvuo** (3): 54l, 70 groß, 102 groß; **Peter Zeininger** (1): 98 groß.

Illustrationen: **Shutterstock** (2): Umschlagklappe vorne innen links und rechts oben; **Stefanie Wawer** (10): Umschlagklappe vorne innen rechts unten, 2/3, 4/5; **Paschalis Dougalis/Kosmos** (23): 14/15, 78, 94, 108, 116/117, 136; **Walter Söllner** (7); Umschlagklappe hinten innen rechts (Eier) und **Wolfgang Lang** (10): Umschlagklappe hinten links (Vogelsilhouetten).

Impressum

Umschlaggestaltung: Claudia Eder, Schönburg, unter Verwendung eines Farbfotos von iStockPhoto (© marrio31). Das Bild zeigt eine Blaumeise.

Die Illustrationen auf der Umschlagklappe vorne außen sowie das Foto auf der Umschlagklappe vorne innen links stammen aus dem Innenteil.

Mit 227 Farbfotos und 52 Illustrationen.

Unser gesamtes lieferbares Programm finden Sie unter **kosmos.de**. Über Neuigkeiten informieren Sie regelmäßig unsere Newsletter, einfach anmelden unter **kosmos.de/newsletter**.

* Quelle: Media Control MC Metis, DACH, FY 2025, WG 42-Natur, Umsatz

MIX
Papier | Fördert gute Waldnutzung
FSC® C110508

Gedruckt auf chlorfrei gebleichtem Papier

ISBN 978-3-440-18554-4
Projektleitung: Claudia Salata
Redaktion und Satz: Barbara Kiesewetter, Redaktionsbüro, München
Produktion: Markus Schärtlein
Gestaltungskonzept: GRAMISCI Editorial Design (Claudia Geffert), München
Druck und Bindung: Westermann-Druck, Zwickau
Printed in Germany / Imprimé en Allemagne